Peter Holz · Historische Modellschiffe aus Baukästen

Peter Holz

Historische Modellschiffe aus Baukästen

Neckar-Verlag GmbH
7730 Villingen-Schwenningen

ISBN 3-7883-0141-4

Printed in Germany by Baur-Offset GmbH & Co. KG, 7730 Villingen-Schwenningen

Inhaltsverzeichnis

Der englische Dreidecker „Prince“ 1670. Modell im Science-Museum, London

Vorwort

Der Bau von historischen Schiffsmodellen dürfte eines der schönsten und lehrreichsten Hobbys sein, das man sich zulegen kann.

Wer einmal vom Bazillus „Historischer Schiffsmodellbau“ infiziert ist, der kommt kaum wieder davon los, und viele Modellbauer bestätigen mir immer wieder, daß sie dieses Hobby wohl bis zum Ende ihres Lebens ausführen werden. Auch ich nehme mich davon nicht aus.

Doch viele, auch ernstlich Interessierte, zögern in Anbetracht eines perfekt gebauten Modells und sagen zu sich selbst: „Das schaffe ich ja nie!“ – Warum eigentlich nicht?

Sie dürfen mir glauben, daß alles wesentlich schlimmer aussieht, als es eigentlich ist. Der Bau eines perfekten Modells ist kein undurchschaubares Zauberkunststück, sondern verlangt lediglich Geduld, Ausdauer und eine gewisse Bereitschaft zur historischen Recherche. Wenn Sie diese Eigenschaften zu besitzen glauben oder Sie sich nach und nach aneignen wollen, ist Ihr Erfolg als Schiffsmodellbauer vorprogrammiert.

Sie werden als erstes Modell wohl kaum so anspruchsvolle und zeitraubende Modelle wie die „Soleil Royal“, die „Wasa“ oder die „Victory“ perfekt nachbauen können, und das sollen Sie auch gar nicht.

Wenn Sie mit einem kleinen, relativ einfach zu bauenden Schiff aus einem qualitativ guten Baukasten beginnen und so gründlich und sorgfältig wie möglich arbeiten, kommen Sie zu einem Modell, das Sie noch nach vielen Jahren erfreut.

Ein kleiner historischer Abriß am Beginn dieses Buches soll Ihnen einen kurzen Einblick in die Marinegeschichte geben, ohne Ihnen in allen Details die komplette Seefahrtsgeschichte erklären zu wollen. Dafür gibt es gute Standardwerke und Bildbände, die Sie sich im Laufe der Zeit sowieso zulegen werden.

Mein Hauptaugenmerk habe ich darauf gerichtet, dem Modellbauer, der nach Baukästen arbeiten möchte, ein leicht verständliches Buch vorzulegen, das den Neuling nicht gleich mit Fachausdrücken „erschlägt“ (wenn es auch ab und zu nicht ohne solche geht), sondern auf dem Weg zum guten Modell begleitet. Einzelne Fragen werden jedoch immer bleiben, und Sie werden an jedem mit Schiffsmodellbau zugebrachten Tag dazulernen. Gerade dies ist ja das Faszinierende an diesem Hobby. So werden Sie nicht nur ein guter Schiffsmodellbauer, sondern zwangsläufig und ganz selbstverständlich auch ein guter „Historiker“.

Erfahrene Modellbauer mögen mir bitte verzeihen, wenn einige Passagen des Buches bewußt einfach gehalten sind. Aber bedenken Sie bitte, daß viele ihr vielleicht erstes Modell bauen möchten und als Freunde dieses schönen Hobbys gewonnen werden sollen.

Dasing, im Frühjahr 1985 — Peter Holz

1 Historischer Rückblick

Mit Sicherheit wird wohl ein im Wasser treibender Baumstamm das erste Wasserfahrzeug gewesen sein, das der Mensch benutzte. Doch rasch wuchsen seine Bedürfnisse und trieben ihn, sei es durch Nahrungsmangel oder auch durch Wissensdrang, zu neuen Entdeckungen und Erkenntnissen. Bald wurde der Baumstamm mit Steinwerkzeugen und Feuer ausgehöhlt, um den Auftrieb und damit die Tragfähigkeit zu erhöhen.

Aufgeblasene Tierhäute wurden unter Flöße gebunden oder separat benutzt und verschafften so zusätzlichen Auftrieb. Primitive Boote wurden aus Zweigen und Ästen gebaut, mit Rinde, Häuten oder Fell bespannt und sind als die eigentlichen Vorläufer der geplanten Seefahrt anzusehen. Zum Teil kann man solche Boote heute noch in Tibet vorfinden. Überhaupt blieben viele Boote und Primitivschiffe bei manchen Eingeborenenstämmen oder bei den Eskimos bis auf den heutigen Tag fast unverändert.

Die Papyrusstaudenboote des alten Ägypten vor etwa 5000 Jahren hatten Paddel zur Fortbewegung und waren überdies mit aufragendem Bug und Heck versehen. Den Bug schmückte oft der Schädel eines Stiers. Dies sollte die bösen Geister oder den Gegner schrecken. Als Unterlagen aus dieser Zeit kann man Ausgrabungen, Felsenbilder oder Vasen zu Rate ziehen.

Später wurden Riemen anstatt der Paddel benutzt und auch schon ein großes Rahsegel angebracht, das aber wahrscheinlich nur bei achterlichem Wind benutzt wurde. Die ersten bekannten Holzschiffe der Ägypter waren aus kurzen Hozstücken zusammengefügt, ohne Spanten, nur durch X-förmige Holzkeile zusammengehalten. Als Längsverstärkung hatte man ein starkes Tau vom Bug zum Heck mittschiffs gespannt, das durch zwischen die einzelnen Kardeele gesteckte Holzstücke nachgespannt werden konnte.

Ägyptisches Seeschiff. Modell im Deutschen Museum, München

Griechisches Schiff, um 500 v. Chr. – nach einem Vasenbild

Römische Bireme, 100 v. Chr., Relief vom Fortunatempel zu Präneste

Der Mast war umlegbar und konnte bei ungünstigem Wind kurzerhand auf das Deck heruntergelassen werden.

Auch die Römer, Griechen und Phönizier bauten schon früh erstaunliche Ruderschiffe mit drei, vier und mehr Riemenreihen. Diese waren am Bug mit einem Rammsporn ausgestattet, um den Gegner seitlich rammen und versenken zu können.

Allerdings sind den meisten von uns aus der früheren Seefahrtszeit die Schiffe aus Europas Norden am geläufigsten: das Oseberg-Schiff zum Beispiel, das eine Länge von 21,5 Metern und eine Breite von über 5 Metern aufweist und völlig aus Eiche gebaut ist. Dieses Schiff hat 12 Planken auf jeder Seite und war mit 15 Paar Riemen ausgestattet. Der Rumpf ist relativ breit, da diese Schiffe wenig Tiefgang hatten. Das Ruder war seitlich angebracht, und zwar auf der in Fahrtrichtung rechten Seite; daher die Bezeichnung Steuerbord – sie wurde bis auf den heutigen Tag beibehalten.

Attische Triere, Modell im Deutschen Museum, München

Das Gokstad-Schiff war etwas größer, stammt etwa aus derselben Zeit und war immerhin so seegängig, daß man mit einer Nachbildung 1893 über den Atlantik segelte. Es wird heute als erwiesen angesehen, daß die Wikinger die eigentlichen Entdecker Amerikas waren. Sie waren rauhe Burschen, deren Raubzüge nicht selten von Mord, Totschlag, Plünderungen und Brandschatzungen begleitet waren. Siedlungen in England, in der Normandie, in Süditalien und Grönland sind nachgewiesen.

Doch nicht nur kriegerische Auseinandersetzungen, auch der Handel bestimmte zunehmend die damalige Zeit. Auf Stadtsiegeln deutscher Städte aus dem 13. und frühen 14. Jahrhundert sind einmastige, völlig gebaute Schiffe zu sehen – die Koggen. Die Hanse, der niederdeutsche Städtebund, herrschte mehr als 150 Jahre im Nord- und Ostseeraum. Brügge, London, Bergen und Nowgorod hießen die westlichen, nördlichen und östlichen Kontore dieses aus dem Zusammenschluß der Kaufleute entstandenen politischen Bundes.

Osebergschiff, Wikingerschiff aus dem 8. bis 9. Jahrhundert n. Chr., ausgegraben 1903 in Oseberg, Norwegen

Normannisches „Nef" des 13. Jahrhunderts. Ein hervorragend gebautes Modell von W. Zimmermann, Augsburg

Die typische Hansekogge dieser Zeit werden sich wohl die meisten als schwerfälliges, bauchiges Schiff vorstellen, was aber angesichts des Fundes einer gut erhaltenen Kogge in der Weser bei Bremen im Jahre 1962 revidiert werden muß. Dieses 23,5 Meter lange, offensichtlich noch nicht fertiggebaute Schiff war wesentlich schlanker und schärfer gebaut als vermutet, so daß dieses Schiff zweifellos gute Segeleigenschaften gehabt hätte.

Viele dieser Schiffe hatten an Bug und Heck auch massive Aufbauten, Kampfplattformen, um so von höherer Ebene den Gegner wirkungsvoller zu bekämpfen. Nach und nach, im Laufe der Zeit, wurden diese Kastelle ein fester Bestandteil des Rumpfes und wurden mit diesem fest durch Planken verbunden. Das Matarò-Schiff, das Hunderte von Jahren in einer Kirche nahe Barcelona hing und heute im Prins-Hendrik-Museum von Rotterdam zu besichtigen ist, zeigt schon ein mit Planken verbundenes Bug- und Heckkastell. Kleinere Aufbauten waren noch separat aufgesetzt. Das Modell ist in der Zeit um 1450 entstanden. Auch das seitliche Ruder war verschwunden und nun am Heck des Schiffes befestigt.

Die Karracken, wie diese Schiffe bezeichnet wurden, wuchsen sich nach und nach zu wahren Giganten aus und wurden erstmals auch mit Geschützen bewaffnet. Zunächst waren die Geschütze nicht fester Bestandteil des Schiffes, erst ein englischer Schiffsbauer namens James Baker kam auf die Idee, Luken in den Rumpf zu schneiden und die Geschütze dahinter fest zu installieren. König Heinrich VIII., allen Neuerungen sehr zugetan, gab ein Riesenschiff in Auftrag, die „Great Harry“, ein Ungetüm mit mehr als tausend Tonnen, das mit bunten Fahnen und Wimpeln geschmückt war, sechs Decks hatte und mit über 200 Kanonen bewaffnet war.

Die „Great Michael“, eine große Karacke um 1500. Zeichnung nach Holbein

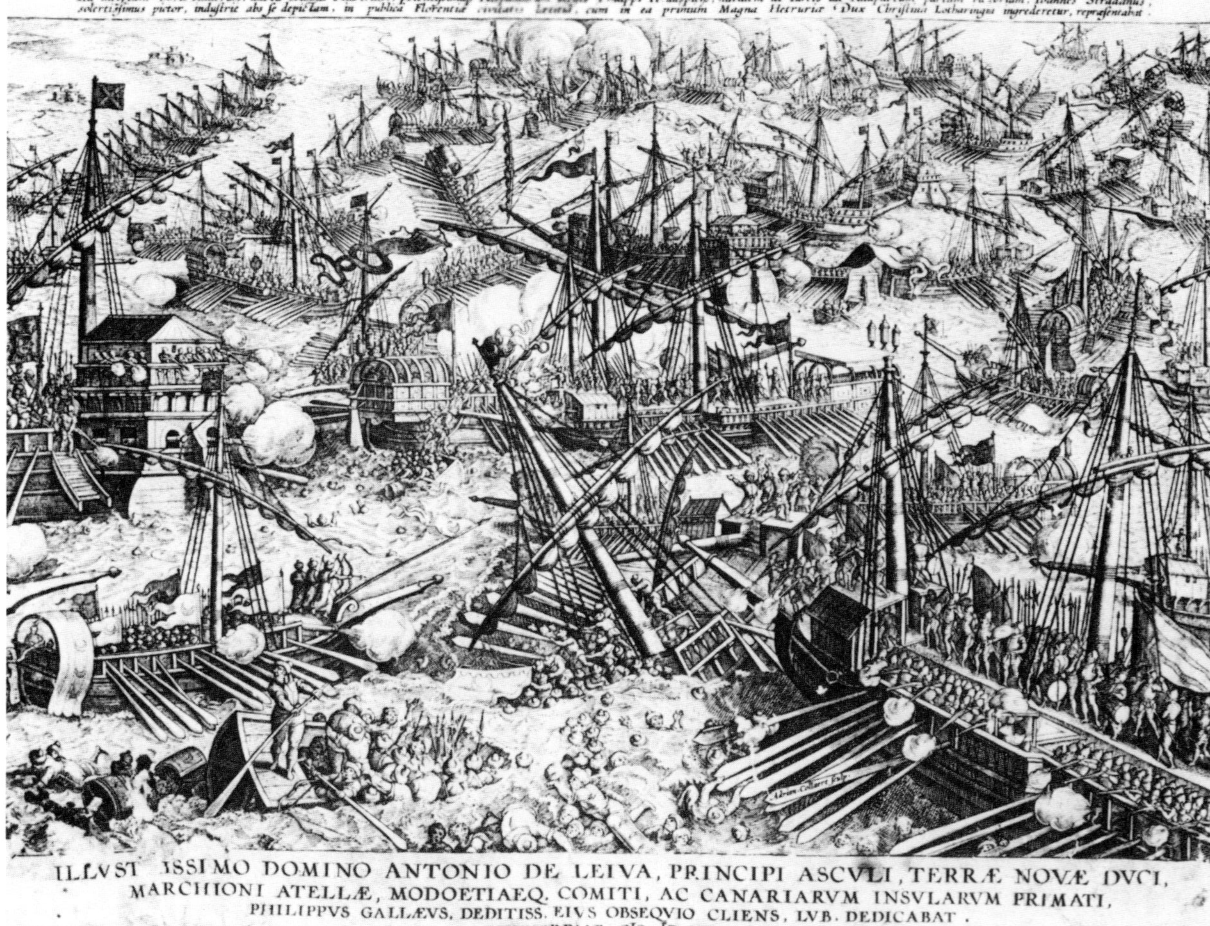

Seeschlacht bei Lepanto, 1571. Die schwerste Galeerenschlacht der Geschichte zwischen der christlichen und türkischen Flotte

Langsam machte sich der Übergang vom Enterschiff zum Artillerieschiff bemerkbar. Die hohen Kastelle wurden allmählich niedriger. Der englische Schiffsbauer Matthew Baker, der als erster den Titel „Schiffsbaumeister“ erhielt, fertigte komplette Baupläne für seine Schiffe an. Dies war ungewöhnlich, weil bis dahin die Schiffe mehr oder weniger aus dem Kopf gebaut wurden. Genaue Unterlagen existierten nicht, das Wissen wurde vom Vater auf den Sohn weitergegeben und als strenges Geheimnis gehütet. Die Schiffe mit „Dorschkopf und Makrelenschwanz“, wie sie Baker bezeichnete, waren denen des Gegners an Geschwindigkeit und Wendigkeit absolut überlegen, wie sich in der Schlacht gegen die spanische Armada 1588 zeigte. Die Spanier setzten alles an Schiffen ein, was verfügbar war, mußten sich aber den Engländern geschlagen geben und immens hohe Verluste auf sich nehmen. Die „Revenge“, das Flaggschiff von Sir Francis Drake, das sicher vielen Modellbauern bekannt ist, stellt ein anschauliches Beispiel für die Überlegenheit der englischen Schiffe der damaligen Zeit dar.

Die typische spanische Galeone um 1600 hatte als auffälligstes Merkmal einen sich stark nach oben verjüngenden Schiffsrumpf, das heißt, die Decks in Höhe der Wasserlinie waren wesentlich breiter als die Oberdecks. Das ergab eine bessere Gewichtsverteilung und hatte zudem den Vorteil, daß aneinanderliegende Schiffe nicht so leicht geentert werden konnten. Allerdings wurden die Galeonen durch ihre relativ hohen Aufbauten bei

Englische Galeone „Golden Hind“ 1577, Mamoli-Modell

stürmischer See leicht hin- und hergeworfen und stampften, weil ihr Kiel im Verhältnis zur Länge des Schiffsrumpfes zu kurz war. Sie waren jedoch außergewöhnlich seetüchtig und robust. An Fock- und Großmast wurden in der Regel je 2 Rahsegel gefahren, der Besanmast war mit Lateinersegel ausgerüstet. Gelegentlich wurde auch ein vierter Mast, der sogenannte Bonaventura-Mast auf dem Achterdeck gefahren, der ebenfalls mit einem Lateinersegel ausgerüstet war. Die spanischen Galeonen hielten sich in der Regel von Kampfhandlungen fern und zogen, zumal wenn sie mit wertvollen Gütern schwer beladen waren, die Flucht dem Kampf vor. Diese Schiffe konnten acht Knoten Geschwindigkeit erreichen, schwerbeladen etwa die Hälfte. Man kann eine typische spanische Galeone als Fracht- und zugleich Kriegsschiff ansehen. Eine spezielle Typisierung lag hier also nicht vor. Die Oberdecks und Bordwände waren, wie übrigens auch bei den englischen Galeonen, mit rauten- und bogenförmigen bunten Mustern verziert.

Andere Schiffstypen jener Zeit waren die Galeeren, die vom frühen Mittelalter bis Ende des 17. Jahrhunderts und vereinzelt sogar bis 1808 als Kriegsschiffe eingesetzt wurden. Die Galeeren veränderten ihre Grundkonzeption über die Jahrhunderte nicht und waren bei vielen Marinen im Einsatz. Diese Schiffe waren sehr lang und schmal gebaut, hatten wenig Tiefgang und waren für den speziellen Nahkampf gedacht. Ein oder zwei Lateinersegel unterstützten die Ruderer auf langen Strecken. Durch den geringen Freibord dieser Schiffe saßen die Ruderer bei stärkerem Segelwind leeseits oft regelrecht im Wasser. Die Galeere war das Hauptkampfschiff der Seerepubliken, es wurden neue Rudertechniken eingeführt, wobei mehrere Männer gleichzeitig einen Riemen bedienten. Nur ein kleiner Teil der Besatzungen waren reguläre Seeleute, die Sold bekamen, während die Ruderer Sträflinge waren, die ihre Taten auf diese Art und Weise abbüßten. Kanonen waren auf einer Galeere nur am Bugteil vorhanden und waren fest installiert. Bei einer Änderung des Zieles mußte die Galeere jeweils komplett nachdrehen. Dies war natürlich aus heutiger Sicht gesehen furchtbar umständlich, und so ist es nicht weiter verwunderlich, daß oft zehn und mehr Galeeren nicht in der Lage waren, ein einziges Artillerieschiff

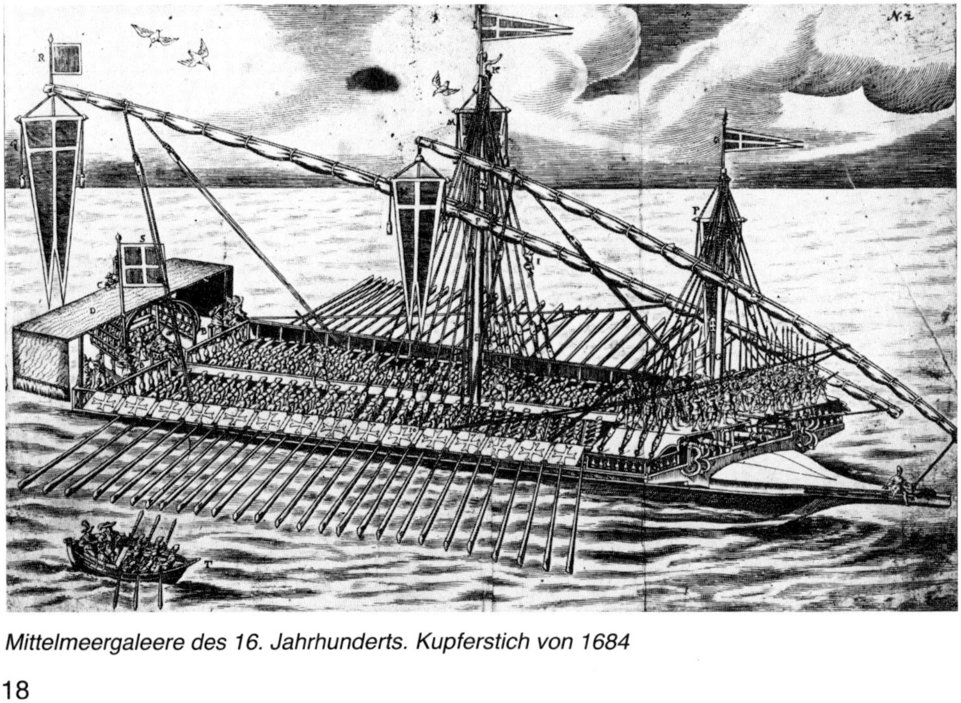

Mittelmeergaleere des 16. Jahrhunderts. Kupferstich von 1684

zu bekämpfen. Galeeren stellen für den erfahrenen Modellbauer höchst reizvolle Objekte dar, an denen man das ganze Spektrum seines Könnens zeigen kann.

Ein weiterer Schiffstyp meistens mit Lateinerbesegelung war die Schebecke, die in gewisser Weise als Weiterentwicklung der Galeere anzusehen ist. Die Riemen wurden hier jedoch nur zur Aushilfe benutzt. Die Schebecke hatte, ähnlich wie die Galeere, ein weit vorreichendes Galion und war am Heck in Verlängerung des Quarterdecks mit Grätings versehen. Vereinzelt traten die Schebecken auch mit Rahbesegelung oder mit gemischter Besegelung auf. Obwohl eigentlich als Handelsschiff konzipiert, wurde die Schebecke ebenfalls mit etlichen Geschützen ausgerüstet zur Abwehr von Piraten. Auch diese benutzten die Schebecke gerne wegen ihrer Schnelligkeit.

Französische „mystische“ Schebecke „Trois Lis“ um 1750 (Corel-Modell des Verfassers)

Anfang des 17. Jahrhunderts begann man das Schiff als Statussymbol anzusehen. Der englische Schiffsbauer Phineas Pett, der später große Berühmtheit erlangen sollte, entwarf 1607 für König James I. ein großes, mit viel Schnitzereien versehenes Kriegsschiff. Der König war mit Petts Vorschlag durchaus einverstanden, und 1610 entstand auf der königlichen Schiffswerft in Woolwich die bekannte „Prince Royal“, ein mächtiger Dreidecker. Petts Arbeit wurde allerdings durch seine Konkurrenten sehr erschwert, die an dem geplanten Schiff kein gutes Haar ließen. Das Holz sei qualitativ zu schlecht, der Tiefgang zu groß und die vielen Schnitzereien überflüssig, behaupteten Petts Neider. Der König und auch Phineas Pett ließen sich jedoch nicht beeinflussen, und so entstand ein Schiff, das man als richtungweisend bezeichnen konnte. Eine Generation lang blieb es das größte Kriegsschiff der Welt.

1635 wurde Pett beauftragt, ein noch größeres, leistungsfähigeres Schiff zu bauen. So entstand in Zusammenarbeit von Phineas Pett und dessen Sohn Peter Pett das wohl erstaunlichste Schiff der Marinegeschichte. Die „Sovereign of the Seas“ war über und über mit goldenen Figuren auf schwarzem Grund geschmückt. Das mächtige Schiff hatte eine Gesamtlänge von 70 Metern und 1500 Tonnen. Das hierfür erforderliche Bauholz mußte zum Teil über 350 Seemeilen herantransportiert werden, da die umliegenden Baumbestände für den Bau dieses Giganten nicht ausreichten.

Zu Anfang seines aktiven Dienstes dürfte das Schiff kaum in viele Kampfhandlungen verwickelt gewesen sein, das ist auch in Anbetracht seiner Baukosten kaum verwunderlich. In den Jahren nach 1690 hingegen kämpfte der Dreidecker erfolgreich z. B. in der Schlacht von Barfleur 1692 gegen Frankreich. Merkwürdigerweise fiel dieses geniale Schiff nicht feindlicher Verwüstung zum Opfer, sondern geriet durch Unachtsamkeit in Folge einer umgefallenen Kerze in Brand. Für den Modellbauer dürfte die „Sovereign of the Seas“ ein Endziel sein. Wer ein solches Schiff im Maßstab 1:75 oder gar 1:50 perfekt nachbauen kann, dem wird kaum noch etwas beizubringen sein.

Die „Sovereign of the Seas“ 1637, das wohl prunkvollste Schiff, das je die Meere befuhr

Aber auch andere Prestigeschiffe dieser Epoche sind interessant und verdienen unsere Beachtung. Zum Beispiel die schwedische „Wasa“, die zum erstenmal 1624 erwähnt wird. Im Frühjahr 1628 wurde dieses Schiff fertiggebaut. Es war ebenfalls übermäßig mit Schnitzereien versehen und mit 64 Kanonen ausgestattet. Die Jungfernfahrt war für Sonntag, den 10. August 1628 angesetzt worden. Unzählige Menschen waren auf den Beinen, um an der Ausfahrt dieses imponierenden Schiffes teilzuhaben. Die Leinen wurden losgeworfen, Segel gesetzt. Das Schiff nahm langsam Fahrt auf und glitt majestätisch durch den Hafen. Es bot mit seinen vergoldeten Verzierungen auf blauem Grund sicher einen überwältigenden Anblick. Die Stückpforten waren geöffnet, um die

Die schwedische „Wasa" 1628 (Corel-Modell des Verfassers)

Blick auf die Decks und Seitengalerien der „Wasa" (Corel-Modell des Verfassers)

geschnitzten Löwenköpfe auf rotem Grund zu zeigen, die auf der Innenseite der Stückpforten angebracht waren. Nach kurzer Zeit wurde die Wasa von einem Windstoß auf die Backbordseite gedrückt. Nur schwerfällig richtete sie sich kurz auf, krängte wieder auf die Backbordseite. Wasser drang durch die geöffneten Stückpforten in den Rumpf, das stolze Schiff versank innerhalb weniger Augenblicke noch im Stockholmer Hafen vor der fassungslos zusehenden Menge. Es konnten zwar fast alle Besatzungsmitglieder gerettet werden, der Untergang jedoch war ein ausgesprochener Skandal. Im nachfolgenden Gerichtsprozeß konnte ein Schuldiger nicht ermittelt werden, zumal der König Gustav II. Adolf die Maße des Schiffes ja gebilligt hatte. Die eigentliche Ursache des Unglücks ist jedoch darin zu sehen, daß der Steinballast, der zum Austarieren der Schiffe verwendet wurde, das Orlopdeck aufbrach, verrutschte und somit zur Katastrophe führte. Im Jahre 1956 wiederentdeckt und im Jahre 1961, also nach 333 Jahren, wieder gehoben, ist die Wasa ein echter Zeuge aus dieser Zeit und kann im Wasa-Museum, Stockholm, besichtigt werden.

In Frankreich gelang es Kardinal Armand-Jean du Plessis, Herzog von Richelieu, 1625 die verschiedenen Machtgruppen, die sich untereinander um die französischen Küsten stritten, zu vereinigen. Bis zu seinem Tod im Jahre 1642 unterstand ihm das Kriegsministerium. Ein Ausschuß mit ihm und sechs Marineexperten teilte die französischen Häfen in zwei Gruppen ein, und zwar in Atlantik- und Mittelmeerhäfen. Sein Ziel war die Reorganisation der französischen Marine.

Zwei große Schiffe begründeten den Ruf der neuen französischen Werften. Die „Saint Louis", die 1626 von einem Amsterdamer Schiffsbaumeister erbaut wurde, war mit 60 Kanonen bestückt und hatte ein komplett über das Großdeck reichendes Gräting zum Schutz gegen Enterer und herabfallende Takelageteile während Kampfhandlungen. Das obere Geschützdeck war weiß bemalt und mit bogenförmigen, nicht verschließbaren Stückpforten versehen.

Die „La Couronne" wurde vom Schiffszimmermann Charles Morieur aus Dieppe erbaut. Sie war das erste in Frankreich entworfene, gebaute und ausgestattete Schiff. Ein ganzer Wald mußte abgeschlagen werden, um das für den Bau notwendige Holz zu beschaffen. Das Schiff hatte eine Kiellänge von 40 Metern, eine Breite von 15 Metern in der Wasserlinie und eine Tonnage von mehr als 1000 Tonnen. Ein überaus weit vorragendes Galion und ein überhöht ausgeführtes Achterdeck waren das Charakteristikum dieses Schiffes, das übrigens der „Saint Louis" sehr ähnlich war. An der Vorderkante des Backdecks auf beiden Seiten waren Außentürme angebracht, ebenso hatte das Schiff am Achterdeck beidseitig Doppeltürme mit einem Verbindungsgang. Beide Schiffe waren ebenfalls, wie in dieser Epoche üblich, reichlich mit Schnitzereien und Ornamenten versehen.

Baupläne und auch Baukästen der „La Couronne" sind in einigen Ausführungen erhältlich, und man kann sagen, daß dieses Schiff bei Modellbauern sehr beliebt ist. Man sollte sich jedoch nur mit einiger Erfahrung an ein solches Schiffsmodell wagen.

So hatte jede seefahrende Nation während dieser Zeit ihre Prestigeschiffe. Einheitliche Richtlinien für deren Bau gab es nicht. Ab 1626 wurde die englische Flotte in 6 Ränge unterteilt, mit dem Ziel, etwa gleich starke und schnelle Schiffe zu Kampfverbänden zusammenzustellen. Diese segelten beim Gefecht in Kiellinie (daher Linienschiffe). Ab etwa 1650 wurden von der englischen Admiralität genaue Konstruktionsvorgaben erlassen. Es wurde zur Aufgabe gemacht, zu jedem geplanten, neuen Schiff ein maßstäbliches Modell zu erstellen. Diese waren ausschließlich im Maßstab 1:48 gebaut (1 Fuß zu ¼ Zoll) und stehen in ihrer handwerklichen Qualität den Originalen in keiner Weise nach. Diese sogenannten Admiralty-Modelle sind vielfach heute noch erhalten und veranschaulichen uns die Kunst der damaligen Schiffsbauer.

Die französische „La Couronne“ 1636 (Corel-Modell des Verfassers)

Vorschiff der „La Couronne“. Man kann sehr schön die charakteristischen Außentürme dieses Schiffes am Bugteil erkennen (Corel-Modell des Verfassers)

Eines der ältesten Modelle ist das der „Prince“ von 1670, das heute im Science-Museum in South Kensington/London zu besichtigen ist. Die Admiralty-Modelle werden meist ohne Unterwasser-Beplankung dargestellt, um die genaue Spantenkonstruktion des Schiffes zu zeigen. Auch die Decksbeplankung ist in vielen Fällen nur angedeutet, um die darunterliegenden Decksbalken hervorzuheben. Da auch die Takelage damals schon standardisiert war, sind die Modelle meist ohne Masten und Takelage zu sehen. In jedem Falle stellen diese Museumsmodelle heute eine Richtschnur und Informationsquelle für alle Modellbauer historischer Schiffe dar, und es kann jedem empfohlen werden, sie einmal zu besichtigen.

Um die Mitte des 17. Jahrhunderts wurde Holland zur führenden Seemacht der Welt. So kam es zu einer Reihe von Geplänkeln zwischen den erfolggewohnten Engländern und den Holländern. Eine ganze Reihe von Seegefechten begann am 24. Mai 1652, als der holländische Admiral Tromp die Aufforderung von Robert Blake, dem englischen Geschwaderführer, nach einem Flaggengruß mit einer Breitseite beantwortete. So ging dies lange Zeit hin und her und führte zu der berühmten Viertageschlacht am 11. Juni 1666. Sie endete nach erbitterten Kämpfen und schweren Verlusten der Engländer unter Admiral George Monk. Hollands Seeheld de Ruyter gewann die Oberhand an der Spitze seiner Flotte.

Admiralty-Modell-Nachbau der englischen „Atlanta“ von 1775. Dieses Modell wird mit der kompletten Takelage und sichtbaren Spanten am Unterwasserschiff gezeigt

Die „Zeven Provincien", das Flaggschiff des holländischen Admirals De Ruyter. Ausschnitt einer Skizze von van de Velde

Die holländischen Linienschiffe hatten im Vergleich zu den englischen einen geringeren Tiefgang, was natürlich die Bewaffnung dahingehend beeinflußte, daß weniger Kanonen aufgestellt werden konnten. So hatten die Holländer zum Beispiel keine Dreidecker. Der geringe Tiefgang war durch die flachen holländischen Küstengewässer erzwungen. Das charakteristische holländische Linienschiff hatte klinkerbeplankte Schanzkleider, die grün bemalt waren, die Achterkajüte war geschwungen und mit verhältnismäßig wenigen Fenstern versehen. Die Engländer hatten durchgehend die Kraweel-Bauweise und bevorzugten an den Schanzkleidern schwarze oder dunkelblaue Bemalung. Die Seitentaschen des Heckspiegels waren in dieser Zeit bei den Engländern flaschenhalsförmig ausgebildet.

Gegen Ende des 17. Jahrhunderts setzte wieder eine Zeit ein, in der Frankreich die Marine vernachlässigte. Die Landarmee wurde bevorzugt, und man ließ außer acht, daß Frankreich eine schlagkräftige Marine brauchte. Obwohl der Befehlshaber der französischen Flotte, Graf Tourville, fast uneingeschränkte Seemacht im Kanal ausübte, bröckelte das Erbe von Jean Baptiste Colbert (1619–1683) mehr und mehr ab. Auch die persönliche Einstellung des Sonnenkönigs Ludwig XIV. war der Marine nicht sonderlich dienlich. Bedauerlicherweise, waren doch die französischen Kriegsschiffe jener Zeit die unbestreitbar besten und schönsten der Welt. Die französische Bauweise wurde nachgeahmt, auch von den Engländern, sofern sie eines feindlichen Schiffes habhaft werden konnten. Frankreich besaß die bestgeschulte Flotte Europas und hatte viele außergewöhnliche Männer unter den Seeleuten aufzuweisen, bei denen sowohl strategische Fähigkeiten wie vollkommene Beherrschung ihrer Schiffe im Kampf zusammenkamen.

Am 29. Mai des Jahres 1692 kommt es bei Kap Barfleur zum Gefecht zwischen Franzosen und Engländern. Letztere hatten sich mittlerweile mit den Holländern verbündet. Die französische Flotte unter Admiral Tourville an Bord seines mächtigen Flaggschiffes „Soleil Royal" greift sofort, obwohl zahlenmäßig weit unterlegen, den Gegner an. Am Abend aufkommender Nebel jedoch läßt alle Übersicht verlorengehen, und am frühen Morgen sind von Tourvilles Schiffen nur noch 35 übrig. Gnadenlos feuern nun die Engländer auf die verbleibenden Franzosen. Die mächtige „Soleil Royal" und zwei weitere große Linienschiffe treiben auf den Strand bei Cherbourg zu. Dort wird ihnen der Gnadenschuß gegeben. Von der „Soleil Royal" wird berichtet, daß sie explodierte, Menschen durch die Luft wirbelten und das Blut aus allen Speigatten floß.

Das überreich verzierte Heck der „Soleil Royal" 1692. Die Figurengruppen entstanden unter Anleitung und Mitarbeit des berühmten französischen Schnitzers Pierre Puget

Sehen wir uns die Schiffe Frankreichs während dieser Zeit unter Modellbaugesichtspunkten genauer an, werden wir feststellen, daß man schon ein guter Schnitzer sein muß, um alle vorkommenden Figuren und Verzierungen originalgetreu ausführen zu können. Das Übermaß an Verzierungen erreichte um die Wende zum 18. Jahrhundert seinen letzten Höhepunkt. Maßgeblich waren hier hervorragende Schnitzer wie z. B. Pierre Puget verantwortlich, welchem die Ausschmückung der französischen Kriegsschiffe oblag. Die üppigen Verzierungen der Galeere „Reale de France" sind im Marinemuseum in Paris zu besichtigen und künden auch heute noch von den überragenden Fähigkeiten dieser Handwerker. Im Grunde genommen wurde in dieser Zeit des Guten fast schon zu viel getan, denn die Unmenge der Verzierungen und Figurengruppen war der Seegängigkeit und Manövrierfähigkeit der großen Schiffe nicht gerade dienlich.

Das Leben des normalen Seemannes der damaligen Zeit hatte mit Romantik wenig zu tun. Oftmals waren die Besatzungen nicht freiwillig an Bord. War es nicht möglich, Besatzungen regulär anzuheuern, wurden Männer betrunken gemacht, um sie danach an Bord der Schiffe zu verschleppen. Hierbei ging es zuweilen mit ziemlich unfeinen Mitteln zu. Aus ihrem Rausch erwacht und nun bereits an Bord befindlich, blieb diesen unfreiwilligen Seeleuten oft nichts anderes übrig, als sich in ihr Schicksal zu finden. Trotzdem erging es den meisten noch vergleichsweise gut, wenn man die Zustände der damaligen Zeit an Land bedenkt. Auf dem Schiff hatte man wenigstens seine geregelten Mahlzeiten, soweit man das Vorgesetzte überhaupt als Essen bezeichnen konnte. Moderne Konservierungsmethoden wie bei den heutigen Lebensmitteln waren damals unbekannt, und so bestand die Hauptverpflegung meist aus Salzfleisch, Salzfisch, Schiffszwieback, Bohnen und anderen, der Verdauung nicht gerade dienlichen Dingen. Das Trinkwasser faulte bereits nach kurzer Zeit, und das einzige Erstrebenswerte dürften wohl die Rumrationen gewesen sein, mit denen meist auch kleine Geschäfte untereinander getätigt wurden.

Die eintönige Kost führte oft zu Mangelerscheinungen, z. B. Skorbut, der in unterschiedlichen Erscheinungsformen auftrat. Kerngesunde, kräftige Männer fielen oft schlagartig wie die Fliegen um, ohne vorher erkennbare Anzeichen. Alte Wunden, die bereits seit Jahren verheilt waren, platzten bei der geringsten Betätigung plötzlich auf.

Der Offiziersanwärter für die Marine begann seine Karriere als Midshipman. Dieser Rang kann etwa dem heutigen Seekadett gleichgesetzt werden. Diese, man muß schon fast sagen: Kinder kamen oft mit 12 oder 13 Jahren an Bord der Schiffe und stammten meist aus guten Häusern mit einflußreichen Beziehungen. So war es nicht weiter verwunderlich, daß sie relativ schnell auf der Dienstgradleiter hochkletterten. Ihnen wurden an Bord sogleich bestimmte, oft leitende Aufgaben zugewiesen, mit denen sie für ihr Alter oft überfordert waren. Sie waren trotz ihres Alters die Vorgesetzten von Seeleuten, die manchmal ihre Großväter hätten sein können. Konnte der Seemann „seinen" Midshipman gut leiden, wurde das eine oder andere Mißgeschick des Jungen einfach vertuscht, um nicht seiner Karriere zu schaden. Anderenfalls spielten die alten Seebären diesen Buben oft recht wüste Streiche. So lächerlich uns das heute auch vorkommen mag, es war eine todernste Sache.

Oftmals unterwiesen erfahrene, langgediente Decksoffiziere (die keine Offiziere waren, sondern im Unteroffiziersrang standen) wie Steuermann, Maate usw. die Midshipmen in wichtigen Kenntnissen wie Navigation und ähnlichem. Wurden die Kenntnisse des Midshipman für ausreichend gehalten, konnte er sein Offizierspatent erwerben und hatte Anspruch auf den nächsten freiwerdenden Leutnantsposten. Dies ging durch Kampfhandlungen und dadurch bedingte Ausfälle oft schneller als gedacht. Ein großes Linienschiff hatte oft 5–6 Leutnants, von denen die dienstältesten und fähigsten bisweilen Kommandos auf Prisenschiffen bekommen konnten. Auch kleinere Schiffstypen wie Kutter, Brigg usw. hatten oft Leutnants als Kommandanten. Der dienstälteste Leutnant eines Linienschiffes war in der Regel der erste Offizier, der auf eine passende Situation wartete, ein eigenes Kommando zu erhalten.

Aufgrund besonderer Fähigkeiten, aber nicht zuletzt durch fördernde Protektion war es durchaus möglich, mit 25 Jahren Kapitän zu sein. Doch auch Kapitäne unter sich waren nicht ranggleich. Die dienstälteren Kapitäne oder die der großen Linienschiffe hatten wiederum Befehlsgewalt über die jüngeren. Nach einiger Erfahrung und mit dem Wohlwollen der Admiralität stellte der Rang des Geschwaderführers oder Kommodore das nächst erreichbare Ziel dar und war die Vorstufe zum Admiralsrang.

Der Dreidecker „Royal George" auf der Themse. Links ist der Stapellauf eines anderen Dreidekkers zu sehen

War ein Kommodore oder gar ein Admiral an Bord, beobachtete die Besatzung diesen bei Kampfhandlungen genau. Seine Haltung war der Gradmesser für die eigenen Überlebensaussichten während eines Seegefechtes. Einem menschlichen Kommandanten oder Kapitän gegenüber verhielt sich die Besatzung auch unter größten Entbehrungen loyal. Meutereien setzten in der Regel immer Grausamkeiten des Vorgesetzten voraus.

Auch die ärztliche Versorgung an Bord war oft ein Kapitel für sich. Die Schiffsärzte waren oft dritte Wahl und gingen auf See, um sich an Land der Strafverfolgung für irgendwelche Machenschaften zu entziehen. Dies mußte zwar nicht immer so sein, war aber die Regel. Die Versorgung an Bord war für Kranke relativ begrenzt, und so beschränkte sich die Tätigkeit des Schiffsarztes außer der Behandlung normaler „Wehwehchen" hauptsächlich auf Verbinden und Amputieren. Als Narkose diente eine ordentliche Rumration, und nicht jeder überstand den Eingriff, der im Orlopdeck (tiefstes Deck an Bord und Lazarettstation) mit Hilfe von 2 Sanitätsmaaten (zum Festhalten) vorgenommen wurde.

Außer der regulären Marine und der Handelsschiffahrt waren auch Piraten in jener Zeit recht vielfältig aktiv. Die Rangordnung auf einem Piratenschiff war jedoch völlig anders als bei der Marine. Ein Piratenkapitän konnte durch Überstimmen jederzeit sofort abgelöst werden. Die einzige Vergünstigung, die er im Grunde genommen hatte, war ein größerer Beuteanteil. Er konnte sich nur durch Taten behaupten. Piratenkapitäne waren nicht, wie vielfach angenommen, meist grausame Barbaren, sondern stammten zuweilen auch aus guten Häusern und waren oft von gewisser Bildung. Die Geschichte zeichnet hier manchmal ein falsches Bild. Auch trieben sie mit Waren einen schwungvollen Handel und verstanden sich nicht nur aufs Säbelrasseln.

Das typische Piratenschiff war klein und schnell, und der Überraschungsangriff war seine große Stärke. Paßte ein Schiff nicht für den angestrebten Zweck, wurde es kurzerhand umgebaut. Zu Stützpunkten, Lagerstätten und Umbauorten für Schiffe eigneten sich hervorragend geschützte Häfen und wenig besuchte Inseln. Im Mittelmeer war zum Beispiel die Schebecke ein ideales Piratenschiff. Große, mit schwellenden Segeln und donnernden Geschützen einherfahrende Piratenschiffe kommen nur im Kino vor.

Aber nicht nur Krieger, auch Entdecker haben ihren wesentlichen Beitrag zur Geschichte geleistet. Im Jahre 1739 erklärte England Spanien den Krieg, aber es war auch zuvor schon gang und gäbe, spanische Schiffe anzugreifen, zu plündern und aufzubringen. Trotz länger andauerndem Frieden war die englische Marine sehr stark und schlagkräftig. Allerdings fehlte es allerorts an guten Besatzungen, die abgemustert hatten. Kapitän Giorio Anson wurde die Aufgabe übertragen, die von Spanien an den Küsten von Chile und Peru besetzten Städte in seeräuberischer Manier anzugreifen und hierzu um Kap Horn zu segeln. Sieben Schiffe liefen von Portsmouth aus mit insgesamt 1939 Mann Besatzung, der schlechtesten und ältesten, die überhaupt denkbar war. Lächerlicherweise gab man Anson als Landungstruppe 259 Pensionäre des Spitals von Chelsea mit, von denen der jüngste 70 Jahre alt gewesen sein soll. Kein Wunder, daß über 1000 Mann der Gesamtbesatzungen die Anstrengungen der Reise nicht überlebten. Als die „Centurion" Ansons in ihren Zielgewässern ankam, waren lediglich noch 201 Mann am Leben, wovon nur 45 direkt einsatzfähig waren. Der Rest war durch Skorbut lahmgelegt. (Erst im Jahre 1753 wurde eine Abhandlung veröffentlicht, in der bewiesen wurde, daß Skorbut durch Apfelsinen und Zitronen verhindert werden könnte.)

Die „Centurion" war in Gewässern gesegelt, die noch nie ein Kriegsschiff zuvor gesehen hatte. Überdies war es gelungen, einer spanischen Galeone die Fracht abzujagen. Die Erdumschiffung der „Centurion" war die berühmteste innerhalb von zwei Jahrhunderten, und zwei Erfordernisse hatten sich als unerläßlich erwiesen: Zitronensaft gegen Skorbut und die Verwendung eines Sextanten zur Messung der geographischen Längen. Dies nutzte auch 30 Jahre später Capitän Cook, dem es als erstem gelang, eine genaue Karte des Pazifischen Ozeans zu zeichnen.

Die „Endeavour“ 1768, das erste Forschungsschiff von James Cook. Charakteristisch ist der völlige, schwere Rumpf und ein flacher Boden, der erlaubte, das Schiff zu Ausbesserungsarbeiten trockenfallen zu lassen (Mantua-Modell des Verfassers)

James Cook stammte aus einfachen Verhältnissen und erhielt seine seemännische Ausbildung bei der Handelsmarine. Er fuhr auf einem Kohlenschiff, das ständig zwischen Whitby und London verkehrte. Die widerlichen Verhältnisse der Nordsee waren eine gute Schule für den jungen Cook. In seiner Freizeit studierte er Astronomie und Mathematik und wurde auf Grund seiner Leistungen bald zum Steuermann befördert. Im Juni 1755 meldete er sich freiwillig bei der Kriegsmarine und verpflichtete sich als Vollmatrose. Sein Kapitän merkte bald, daß mehr in ihm steckte, als es den Anschein hatte, und er wurde bald zum Decksoffizier befördert. Zunehmend widmete er sich Vermessungsaufgaben, zum Beispiel der Küste von Neufundland. Die Admiralität wurde auf ihn aufmerksam. Cook wurde zum Leutnant befördert und erhielt das Kommando über das von der Admiralität angekaufte Kohlenschiff „Earl of Pembroke“. Nun galt es, aus dem Kohlenschiff ein Forschungsschiff zu machen. Das Schiff wurde auf der Werft von Deptfort bei London umgebaut und wie ein Kriegsschiff getakelt. Auch innen unterlag das Schiff zahlreichen Veränderungen. Vor der Ausreise wurde das Schiff regelrecht mit Proviant vollgestopft, um genug Vorräte für eine lange Seereise zu haben. Das Schiff wurde in „Endeavour“ umbenannt, und Cook ging am 26. August des Jahres 1768 unter Segel. Cook segelte über Kap Horn in den Pazifik, im Jahre 1769 nach Tahiti und von dort aus kreuz und quer durch die südlichen Breiten. Auch umrundete er beide Inseln von Neuseeland. Dann segelte er zur Ostküste Australiens, passierte das große Barrier-Riff, segelte danach durch die Torres-Straße in den Indischen Ozean und danach heim nach England.

Das von Cook auf seiner ersten Reise verwendete Schiff „Endeavour“ ist für den Modellbauer in Plan- und Baukastenform erhältlich und eignet sich auch für jene zum Nachbau, die noch nicht allzuviel Erfahrung haben. Sauber und richtig gebaut, ist die „Endeavour“

ein sehr schönes Modell, das vor allen Dingen durch seinen schweren Rumpf und seinen extrem gerundeten Bug sehr dekorativ wirkt.

Ein anderes berühmtes Schiff jener Zeit ist die allseits bekannte „Bounty", die unter dem Kommando von Kapitän William Bligh in die Südsee segelte mit dem Ziel, Brotfruchtbäume für die britischen Kolonien in der Karibik zu sammeln. Die „Bounty" ist ebenfalls ein Schiffsmodell, das mit nicht allzuviel modellbautechnischen Tücken aufwartet. Auch von diesem Schiff gibt es für den Interessierten etliche Pläne und Baukästen, die allerdings leider, wie nur allzuhäufig, von sehr unterschiedlicher Qualität sind.

Die englische „Bounty", auf der sich die Meuterei ereignete, die in die Geschichte eingegangen ist (Modell von Billing-Boats)

Ende des Jahres 1758 wurde vom englischen Parlament eine Gesetzesvorlage verabschiedet, die den Bau von 12 Linienschiffen vorsah, wovon das größte ein Dreidecker 1. Ranges mit 100 Geschützen sein sollte. England verfügte zu dieser Zeit nur über 5 Schiffe vergleichbarer Größe. Der Entwurf des Chefinspektors der Marine, Sir Thomas Slade, wurde vom Navy Office am 6. Juni 1759 bestätigt. Am 7. Juni gaben die Bevollmächtigten der Admiralität der Marinewerft in Chatham den Auftrag, mit dem Bau des neuen Schiffes zu beginnen, das nach der „Santa Maria" von Christoph Kolumbus wohl das bekannteste und berühmteste werden sollte. Es sollte sich in den Büchern der Geschichte mit dem Namen des wohl bekanntesten Seemannes der Welt verbinden.

Während des Siebenjährigen Krieges mit Frankreich wurde der Kiel am 23. Juli 1759 gelegt und das Schiff 1760 als „Victory" in den Schiffslisten der königlichen Marine aufgeführt. Die „Victory“ war das fünfte dieses Namens, ihr Vorgänger war nach nur siebenjähriger Dienstzeit unrühmlich mit der gesamten Besatzung in einem Sturm untergegangen. Ein Gericht kam zu dem Schluß, daß das Schiff wohl zu instabil war. Der Bau der neuen „Victory“ wurde mit Ende des Krieges gegen Frankreich verschoben, und erst am 7. Mai 1765 wurde das Schiff vom Stapel gelassen. Immerhin betrugen die Baukosten bis zum Stapellauf schon 63 176 Pfund Sterling. Die „Victory“ wurde erst 1771 segelfertig gemacht. Dabei wurde festgestellt, daß etliche Reparaturen notwendig waren. Dafür wurden 4300 Pfund ausgegeben. Weitere Reparaturen folgten 1775 mit 3075 Pfund. Danach diente sie als Flaggschiff für Admiral Augustus Keppel. Nach diesem übernahm Sir Charles Hardy die „Victory“. Im Jahre 1780 wurden anläßlich einer Überholung fast 4000 Kupferplatten auf den Rumpf aufgebracht, zum Schutz gegen Schiffsbohrwürmer und Bewuchs. Dienstzeiten unter verschiedenen Admirälen folgten, in denen sich die „Victory“ als gutes Schiff erwies. Anfang des Jahres 1800 wurde sie für eine vorgesehene mittlere Reparatur eingedockt, aber man stellte rasch fest, daß die Schäden größer waren, als man zunächst annahm. Aus der Reparatur wurde fast ein Neubau. Verschiedene Änderungen wurden vorgenommen, die der „Victory“ ihr heutiges Aussehen verliehen. So wurden die offenen Heckgalerien in einer Front verkleidet, die Fock- und Großrüsten über die oberen Geschützpforten versetzt und eine neue Galionsfigur geschnitzt.

Die „Victory“ im Hafen von Portsmouth. Das Schiff ist eine schier unerschöpfliche Fundgrube für Schiffsmodellbauer und Marineenthusiasten

Sie erhielt den bekannten schwarz/ockerfarbenen Anstrich. Im April 1803 übernahm Lord Nelson die „Victory“. Sie war dessen Flaggschiff in der Schlacht von Trafalgar, in deren Verlauf Nelson von einem Scharfschützen aus der Mars der französischen „Redoubtable“ tödlich getroffen wurde. Er starb kurze Zeit später im Orlopdeck der „Victory“ im Bewußtsein seines Sieges über die vereinigte französisch/spanische Flotte.

Ein gut gebautes Modell der „Victory" verlangt dem Modellbauer schon erhebliche handwerkliche Fähigkeiten ab, vom einzusetzenden Zeitaufwand einmal ganz abgesehen. Aus Platzgründen wird das Modell wohl nur im Maßstab 1:100 zu erstellen sein, der Detaillierung sind hier also ebenfalls Grenzen gesetzt. Ein begleitendes Buch zum Bauplan oder Kasten halte ich für unerläßlich. Dieses Schiff ist es wert, hervorragend gebaut zu werden. Planen sie deshalb ruhig eine Bauzeit von 3 bis 4 Jahren ein. Von Vorteil ist, daß dieses Schiff erhalten werden konnte und im Hafen von Portsmouth jedem Interessierten zugänglich ist.

Zwischen 1790 und etwa 1830 wurden die größten Segelkriegsschiffe der Welt gebaut. Man kann sagen, daß jetzt das Optimum im Holzschiffbau erreicht war. Man legte Wert auf einen massiven Rumpf und wirksame Bewaffnung. Das Heck, seit jeher der verletzlichste Teil des Schiffes, wurde nun rund gebaut. Man hatte aus den verheerenden Folgen gelernt, die längs durch den Rumpf jagende Kanonenkugeln anrichteten. Auch das Galion wurde nach und nach verändert, die offene Spantenkonstruktion verschwand und machte dem stabil gebauten, integrierten Galion Platz. Die seitlichen Finknetze wurden durch Kästen ersetzt. Man kann zwar nicht behaupten, daß die Schiffe durch diese Neuerungen schöner wurden, zweckmäßiger waren sie jedoch allemal. Die „Valmy" oder die „Ville de Paris" sind Zeugen jener Zeit, die bereits vom Anbruch der Dampfschiffahrt geprägt wurde.

Spanischer Dreidecker, Anfang 19. Jahrhundert. Charakteristisch für diese Zeit ist das bereits rund gebaute Heck, das den verletzlichen, platten Heckspiegel nach und nach verdrängte

Schiffsbauszene aus dem 17. Jahrhundert

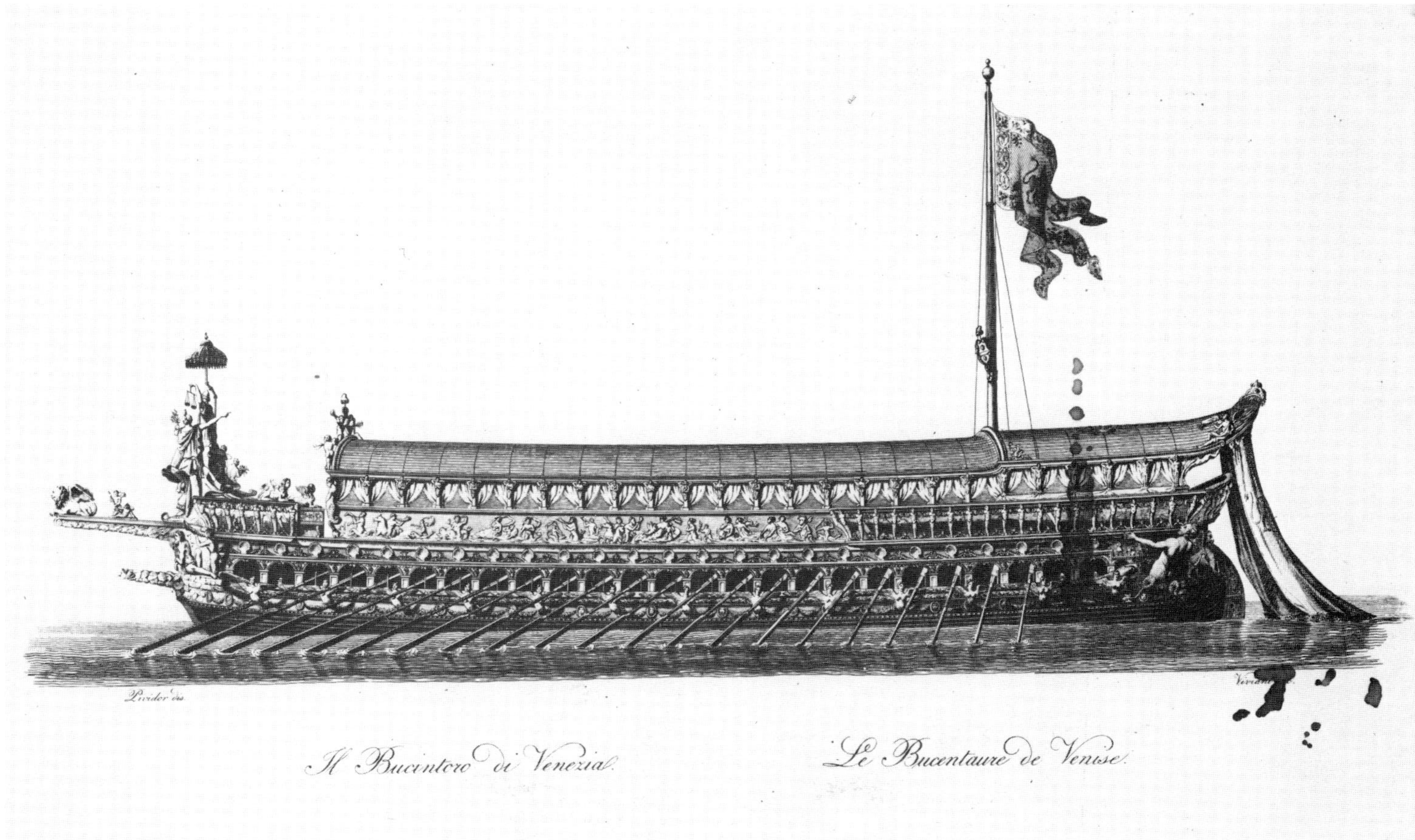

Prunkschiff „Bucintoro“ des Dogen von Venedig um 1725

„Prisoner of War"-Modell im Deutschen Museum, München. Diese Schiffe wurden von französischen Kriegsgefangenen der napoleonischen Periode gebaut und sind ein Beispiel dafür, daß man Schiffsmodelle selbst mit primitivem Werkzeug und unter schwierigen Bedingungen herstellen kann. Diese Schiffe wurden aus Knochen geschnitzt, mit kaum mehr als einem Messer als Werkzeug

In den letzten Jahren des 18. Jahrhunderts begann die Regierung der jungen USA mit einem Schiffsbauprogramm, das großen Einfluß auf den Bau von Fregatten schlechthin haben sollte. Die Schiffe „Constitution“, „President“ und „United States“ waren im Geschützdeck fast 53 Meter lang und hatten eine Breite von 13,5 Metern. Obwohl nur als 44-Kanonen-Schiff klassifiziert, trugen sie 52 Geschütze und Carronaden. Diese Fregatten waren den englischen und auch denen anderer Nationen haushoch überlegen, zumal sie, von der Größe abgesehen, so stabil gebaut waren, daß die auftreffenden Geschosse regelrecht abzuprallen schienen. Dies lag daran, daß die Spanten zum einen so dick waren wie für ein Schiff anderthalbfacher Größe und zum anderen nur im Abstand von etwa 4 cm auf den Kiel gesetzt waren. Der Spitzname „Old Ironsides“ (Alte Eisenwand) dürfte also kaum übertrieben gewesen sein, zumal zum Bau ausschließlich Eiche verwendet wurde. Trotz alledem war die Linienführung so elegant, daß 14 Knoten Geschwindigkeit durchaus realistisch war. Neben der normalen Besegelung konnten noch Leesegel gesetzt werden, die neben der höheren Geschwindigkeit bei günstigen Windverhältnissen ein überaus imposantes Bild boten. Man kann den Zeitberichten entnehmen, daß die Besatzungen in ihre Schiffe regelrecht verliebt waren. So war es aufgrund solcher Tatsachen auch nicht verwunderlich, daß die junge amerikanische Marine einige spektakuläre Seesiege für sich verbuchen konnte.

Die amerikanische Fregatte „Constitution“ (Mamoli-Modell)

Die „U.S.S. Constitution“ tritt ebenfalls vielfach als Bauplan und Modellbaukasten im Handel auf. Mir ist jedoch nur ein Baukasten dieses Schiffes bekannt, der meiner Meinung nach des Kaufens wert wäre. Dabei sind die möglichen historischen Fehler beim Bau eines solchen Schiffes in Grenzen zu halten, da das Original ja noch existiert und in Boston/USA besichtigt werden kann. Wer sich keine Amerika-Reise leisten kann oder will, tut gut daran, alle Unterlagen zu sammeln, derer er habhaft werden kann.

Fregatte „Doris“ von Flensburg 1800 (Abbildung im Deutschen Museum, München)

Auch die Handelsschiffahrt unternahm verzweifelte Anstrengungen, um gegen die aufkommende Konkurrenz der Dampfschiffe bestehen zu können. Die bekanntesten Handelsschiffe jener Zeit waren die Klipper, und wir wollen den wohl bekanntesten jener Gattung kurz vorstellen. Die „Cutty Sark" lief im Jahre 1869 vom Stapel und war außerordentlich kräftig und schnell gebaut. Sie hatte riesige Laderäume trotz ihres schlanken Rumpfes und konnte 17,5 Knoten Geschwindigkeit erreichen. Ihre Segel entwickelten eine Kraft von ca. 3000 PS, und die Takelage erhob sich 44,5 Meter über dem Deck. Die „Cutty Sark" wurde in der sogenannten „Komposit-Bauweise" gebaut, das heißt, das Spantgerippe war aus Eisen erstellt, nur die Beplankung bestand aus Holz. Dies verbilligte den Bau erheblich, zumal das Bauholz für Schiffe allmählich knapp wurde. Insgesamt gesehen war die Konstruktion auch fester. Gegen den lästigen Bewuchs des Unterwasserschiffes war die „Cutty Sark" mit Kupferplatten bis zur Wasserlinie beschlagen. Dieses Schiff war immerhin so robust und zuverlässig, daß es in 50 Jahren Dienstzeit kaum nennenswerten Schaden nahm. Auch dieses wunderschöne Schiff blieb uns erhalten und läßt heute noch das Herz eines jeden höher schlagen, der es in Greenwich bei London besichtigt.

Der Vormarsch der Dampfschiffe war unaufhaltsam. Zwar wurden Segelfrachtschiffe noch im 20. Jahrhundert umfangreich eingesetzt, doch der Kampf Segel gegen Dampf war für die Großsegler längst verloren. Die Reederei Laeisz setzte ihre legendären Frachtsegler, die alle mit dem Buchstaben P begannen, noch bis 1957 ein. In diesem Jahr sank die Viermastbark „Pamir" mit 80 Menschen an Bord im Nordatlantik. Das Ende der Fracht-Segelschiffahrt war besiegelt.

Zwar werden heute noch in vielen Ländern Segelschulschiffe zur Ausbildung des Offiziersnachwuchses eingesetzt, aber die romantische Zeit der Seefahrt können sie allein heute kaum mehr vermitteln.

Die „Teaping" und die „Ariel" leisteten sich auf dem Weg nach London ein erbittertes Kopf- an Kopf-Rennen, denn die schnellsten Teefrachten nach London erzielten die höchsten Preise (Gemälde von P. Lehnert im Besitz des Verfassers)

Die „Amerigo Vespucci“ von Panart. Ein wunderschönes Schiffsmodell für erfahrene Könner (zu beziehen über Fa. Krick und Simprop)

2 Der richtige Arbeitsplatz

Der Auswahl Ihres zukünftigen Arbeitsplatzes kommt größere Bedeutung zu, als Sie zunächst annehmen werden. Bedenken Sie, daß es wahrscheinlich nicht nur bei einem Schiffsmodell bleiben wird, sondern daß Sie den Schiffsmodellbau eventuell für den Rest Ihres Lebens betreiben. Nun werden Sie vielleicht lächeln, aber dieses Hobby kann zur Sucht werden. Wenn Sie diese Zeilen in 5 Jahren noch einmal lesen, wissen Sie, was ich meine.

Prüfen Sie aus diesem Grund Ihren zukünftigen Arbeitsplatz genau. Gut, nicht jeder kann ein Eigenheim oder eine 7-Zimmer-Wohnung sein eigen nennen, aber daß es auch anders geht, beweisen mir viele Modellbauer, die ich von Zeit zu Zeit besuche.

Wichtig ist vor allen Dingen ein ungestörter Platz, der im Keller, auf dem Dachboden oder in einem angrenzenden Schuppen sein kann. Mit Stromanschluß versehen oder beheizbar sollten diese Räume natürlich schon sein. Achten Sie vor allen Dingen auf eine gute Ausleuchtung des Raumes.Sie werden sich wundern, welche gravierenden Farbunterschiede beim Beizen, Bemalen usw. auftreten können, wenn das Licht nicht stimmt. Wenn die Voraussetzungen nicht gegeben sein sollten, investieren Sie lieber ein paar Mark, als sich hinterher zu ärgern.

Das wichtigste dürfte allerdings die Möglichkeit zum ungestörten „Liegenlassen" der Arbeit sein. Wenn Sie für diesen Tag mit dem Bauen aufhören wollen, ist es sehr lästig, alles wieder komplett abräumen zu müssen, weil vielleicht Ihre Frau gleich den Küchentisch wieder braucht. Sie bewahren sich Ihren häuslichen Frieden sehr viel leichter, wenn Sie einen wirklich separaten Platz haben.

Nun zum Inventar: Man muß keine komplett eingerichtete Schreinerwerkstatt besitzen, um perfekte Schiffsmodelle zu bauen. Ein alter Tisch steht vielleicht bei der Oma im Keller oder ist für billiges Geld beim Trödler zu erstehen. Achten Sie jedoch darauf, daß der Tisch keine glatte Oberfläche (Resopal usw.) hat. Ein unbedachter Schubs – und schon liegt Ihr mühsam gebautes Modell am Boden! Mindestens 1 Meter Länge sollte der Tisch schon haben.

Ferner benötigen Sie einen bequemen Stuhl. Sie werden nun sagen, das sei ja wohl selbstverständlich. Aber was wirklich bequem ist, merken Sie nach etlichen Stunden des Bauens ganz von selbst. Die nächste Anschaffung wäre dann ein Regal, in dem Sie Ihre ganzen Farben, Beizen, Werkzeuge usw. unterbringen, die Sie zwar nicht immer brauchen, die jedoch griffbereit zur Hand sein sollten. Stahlregale bekommen Sie in jedem Heimwerkermarkt zum Preis von etwa 30,– DM für ein Grundregal. Dies genügt zunächst vollauf. Wenn Sie irgendwo ein altes Regal geschenkt bekommen – um so besser!

Sollten Sie nicht die Möglichkeit haben, ein Wandbrett für Ihre erforderlichen Werkzeuge zu ergattern oder dieses aufzuhängen, tut's auch ein normaler Stahlwerkzeugkasten, im Extremfall sogar 2 alte Schuhkartons, wobei man dies allerdings als Notbehelf ansehen sollte. Denn so viele Werkzeuge brauchen Sie gar nicht. Zumindest nicht am Anfang. Recht unterhaltsam kann es sein, wenn Sie ein altes Radiogerät haben oder ergattern können – die Stunden des Modellbaues sind lang!

So gesehen ist Ihr Arbeitsplatz zunächst komplett. Stellen Sie Ihren Tisch nach Möglichkeit an eine Wand, an der Sie Ihre Pläne befestigen können. Gehen wir nun zum Werkzeug über.

3 Werkzeug

Wie bereits kurz angedeutet, müssen Sie sich nicht in Unkosten stürzen, um sich das für den historischen Schiffsmodellbau erforderliche Werkzeug zu beschaffen. Es ist allerdings wichtig, auf gute Qualität Wert zu legen. Nachfolgendes Werkzeug halte ich zunächst für erforderlich:

1 kleinen Drill-Handbohrer und die dazugehörigen Bohrer von 0,5 mm an aufwärts bis etwa 5 mm. Größere Öffnungen können ggfs. mit einer Rundfeile bearbeitet werden.
  Wenn Sie etwas mehr ausgeben können und möchten, rate ich Ihnen zu einer kleinen elektrischen Bastler-Bohrmaschine, die Sie im Bastlerbedarf für etwa 40,– DM erstehen können. Wählen Sie ein Gerät, das Sie eventuell auch mit einer 12-Volt-Autobatterie betreiben können.
1 Laubsägebogen mit Sägeblättern verschiedener Stärken für Holz und Metall
1 kleiner Hammer
1 etwas längere, schmale Pinzette
1 Ahle zum Vorstechen für Bohrlöcher
1 Stahllineal, etwa 30 cm lang
1 kleiner Schraubstock
1 kleine Rundzange
1 kleine Flachzange
1 kleiner Seitenschneider
1 Balsa- oder Bastlermesser mit Klingen
1 kleiner Taschen- oder Balsahobel mit Klingen
1 Satz kleiner Feilen (inkl. Rundfeile)
  einige Bogen Schleifpapier verschiedener Körnung von 50–360
1 kleine Leistenbiegemaschine oder Einsatz zum Leistenbiegen für Lötkolben (siehe Kapitel 7 – „Der Rumpfbau von Baukastenmodellen")
  Stecknadeln (festere Ausführung) oder dünne Deko-Stifte
  ca. 10–15 Holzwäscheklammern
1 etwas grobere Raspel
2 kleine Schraubzwingen
2 Bleistifte mittlerer Härte
4 Malpinsel verschiedener Stärken
1 weicher, breiter Pinsel (Haushaltsküchenpinsel) zur Staubentfernung
1 gebrauchter Haarfön (sicher treiben Sie im Bekanntenkreis einen auf, ansonsten kostet ein kleiner neuer Fön nicht die Welt)
1 kleiner Schraubenzieher
  einige alte, nicht fusselnde Lappen oder Tücher
1 Linolschnitt-Griff mit verschiedenen rundgeformten Federn oder Einsätzen
1 Korkschleifklotz

Sicherlich werden Sie im Laufe der Zeit noch das eine oder andere benötigen, aber das vorweg Genannte genügt im Moment durchaus. Am sinnvollsten ist es natürlich, die Werkzeuge übersichtlich an einem Wandbrett zu befestigen.

Gewöhnen Sie sich an, nach getaner Arbeit oder auch einmal zwischendurch aufzuräumen. Denn nichts ist lästiger, als wenn alle Werkzeuge verstreut auf dem Tisch liegen, sich gegenseitig den Platz wegnehmen und man einige Zeit suchen muß, bevor man das Gewünschte findet. Nach kurzer Zeit werden Sie festgestellt haben, daß Ordnung und Aufräumen viel weniger Zeit beansprucht als ärgerliches Suchen. Dies tritt um so gravierender in Erscheinung, je kleiner Ihr Arbeitsplatz ist.

Die „Preußen" im Schwimmdock. Sie lief 1902 bei Tecklenborg in Geestemünde vom Stapel und war das einzige 5-Mast-Vollschiff der Welt

Seitenraddampfer „Savannah“, Modell im Deutschen Museum, München

Gedeckte Korvette „Moltke“. Ein Schiff mit gemischtem Dampf-/Segelantrieb. Modell im Deutschen Museum, München

4 Werkstoffe

Der natürliche und vorgegebene Werkstoff für historische Schiffsmodelle ist zweifellos Holz. Zwar existieren im einschlägigen Fachhandel Plastikbaukästen historischer Schiffsmodelle, die, von einem fachkundigen Modellbauer erstellt, zweifellos zuweilen ein sehr originalgetreues Aussehen vermitteln. Einen bleibenden Wert stellen sie jedoch keinesfalls dar.

Überhaupt ist der Werkstoff „Plastik" im historischen Schiffsmodellbau mit einiger Vorsicht zu genießen. Bei Kleinteilen, wie z. B. den Racks an den Rahen, empfiehlt es sich, die Plastikteile zu bemalen, daß wenigstens nicht gleich auf Anhieb sichtbar ist, um welches Material es sich handelt. Jedenfalls ziehen gute Modellbauer mit langjähriger Praxis bei vielfältiger Verwendung von Plastikteilen auf historischen Segelschiffsmodellen die Nase hoch, was bei nüchterner Betrachtung auch gerechtfertigt ist.

Nun zu den verschiedenen Holzarten:

Sperrholz: Erhältlich in verschiedenen Qualitäten und Stärken. Bei Baukästen liegt es meist in Stärken von 4–5 mm bei. Für die Spanten halte ich Birkensperrholz für am besten geeignet. Das billigste Pappelsperrholz neigt leicht zum Splittern. Gut geeignet ist Buchensperrholz, obwohl es sich etwas schwerer aussägen läßt.

Achten Sie beim Baukasten darauf, daß die Kielplatte bzw. der sichtbare Kiel völlig gerade und eben ist. Ein verbogener Kiel ruiniert Ihr Modell. Sollte das Sperrholz für dieses Teil etwas verbogen sein, können Sie es gut und lange wässern und danach mit Schraubzwingen zwischen zwei völlig gerade Teile spannen und trocknen lassen.

Sollten Sie damit keinen Erfolg haben, müssen Sie in den sauren Apfel beißen und sich ein völlig gerades Sperrholzstück in derselben Qualität dazukaufen und das Kielbrett aussägen.

Nußbaum: Das am meisten bevorzugte Holz der Modellbauer, da viele Farbtönungen von hell bis dunkel erhältlich sind. Es eignet sich hervorragend für die sichtbare Außenbeplankung sowie als Platte von 4–6 mm Stärke für das Kielschwein bzw. den sichtbaren Kiel. Ebenfalls sind Rundstäbe aus Nußbaum (meist sehr dunkel) im Handel, und zwar in Stärken von 2–12 mm, die aber wegen des Farbtons nur für die Rahen geeignet sind. Nußbaum wird für die sichtbare Außenbeplankung bevorzugt in Stärken von 0,5 mm bis 1 mm und mit 1 Meter Länge geliefert und verwendet.

Abachi: Dieses Holz wird von den meisten Modellbauern neben dem Lindenholz für die Unterbeplankung von Schiffsmodellen verwendet. Es ist relativ weich und läßt sich leicht bearbeiten. Ebenfalls sehr gut geeignet für Füllstücke an Bug und Heck.

Lindenholz: Ähnlich wie oben, geeignet für Füllstücke, Unterbeplankungsleisten und etwas gröbere Schnitzereien, da es sehr leicht zu bearbeiten ist. Für kleinere Schnitzereien ist es ungeeignet, da es sich nicht wie etwa Buchsbaum fein bearbeiten läßt.

Kiefer: Eigentlich nur für die Beplankung von Unterdecks bei mehrdeckigen Schiffen zu verwenden, da es zu grob ist und etwas unschön am fertigen Modell wirkt.

Buchsbaum: Hartes, gelbliches Holz, das sich hervorragend für die Bearbeitung von Kleinteilen eignet. Manche Modellbauer verwenden Buchsbaum auch für komplette Modelle. Allerdings wird durch den leicht gelblichen Farbton das Beizen etwas erschwert. Buchsbaum ist in Leistenform im guten Fachgeschäft erhältlich. In der Schreinerei wird man allerdings fast immer vergeblich danach suchen.

Tanganjika: Gelblich-hellbraunes Holz von relativ schwacher Zeichnung. Tanganjika liegt vielen Baukästen als Leisten in der Breite von 3 bis 4 mm für Decksbeplankung bei und ist, im Naturfarbton belassen, für diesen Zweck hervorragend geeignet. Vorgeschnittene Leisten gibt es auch im Fachhandel zu kaufen.

Ahorn: Sehr helles, fast weißes Holz, das sich sowohl für die Decksbeplankung als auch für die sichtbare Außenbeplankung eignet, wenn es mit Beize farblich entsprechend vorbehandelt wird. Es ist im Fachhandel in Leistenform ab 0,5 mm Stärke erhältlich.

Mahagoni: Rötlicher Farbton, liegt zwar als Oberbeplankung einigen Baukästen bei, es ist aber von der Struktur her etwas zu grob. Der Farbton wirkt zudem bei historischen Modellen unruhig. Dieses Holz kann man allerdings für maßstäbliche Modelle moderner Jachten gut verwenden. Vorsicht – beim Biegen der Oberbeplankung bricht es leicht!

Buchenholz: Als Rundstäbe in den Abmessungen von 2 bis 14 mm ideal für die Anfertigung von Masten, da es in Verbindung mit dunklen Nußbaum-Rahen sehr schön wirkt. Die genannten Rundstäbe sind überall im Heimwerkerbedarf leicht erhältlich.

Buchen-Biegeleisten: Diese sind ebenfalls in verschiedenen Abmessungen im Handel erhältlich. Durch eine spezielle Behandlung sind Biegeleisten in fast alle Radien zu biegen (zuvor in heißes Wasser legen!) und eignen sich vor allem für Galionsriegel und Teile, die extrem gebogen werden müssen. Allerdings haben sie eine sehr starke Zeichnung und können nur mit Sekundenkleber dauerhaft befestigt werden.

Gewinnung von Schiffsbauholz aus Baumstämmen. Der Faserverlauf und Wuchs des Holzes wurde hierbei genau berücksichtigt

Natürlich gibt es auch andere Holzarten, die sich für den Bau eines guten Modells eignen. Die vorstehenden sind allerdings am gebräuchlichsten und liegen auch den meisten Modellbaukästen bei. Andere Arten, wie z. B. Birnenholz, sind zudem schwer zu erhalten, und Quellen werden bei guten Modellbauern hinter vorgehaltener Hand weitergegeben. Halten Sie sich bei Ihrer Holzauswahl nur an die alte Regel, daß Sie ja ein Modell bauen, das im Maßstab 1:50, 75 oder 100 ist und Sie dementsprechend das Holz von der Maserung her glaubhaft „mitverkleinern" müssen. Sollte Ihr Nachbar oder ein Bekannter einen Zwetschgen- oder Birnenbaum im Garten gefällt haben, dann bemühen Sie sich um dieses Holz. Es eignet sich hervorragend als Modellbauholz. Wenn Sie dann noch einen Schreiner kennen oder im Bekanntenkreis haben, der Ihnen das Holz auf die passende Größe oder gar in Leisten schneidet, können Sie sich als absoluten Glückspilz bezeichnen.

Auf der vorstehenden Tafel sehen Sie, daß beim Schiffsbau das Holz nicht willkürlich gewählt wurde, sondern daß man den Faserverlauf des Holzes sehr wohl für die einzelnen Teile z. B. Knie, Planken usw. nützte. Dies gibt dem Rumpf mehr Festigkeit. Große Teile, wie etwa Masten, wurden aus mehreren Stücken gefertigt und durch Tau- oder Eisenringe verbunden.

Außer dem Holz kommen natürlich für Ihr Modell auch noch andere geeignete Werkstoffe zum Tragen. Zum Beispiel Metall. Viele dieser zumeist kleinen Teile können vom Modellbauer nur mit Schwierigkeiten hergestellt werden. Das Kapitel „Decksausrüstung" geht näher darauf ein, nachstehend deshalb nur eine kurze Beschreibung von Metallen allgemein für Ihr Modell:

Kupfer: Kupfer liegt vielen Modellbaukästen als Beschlag für das Unterwasserschiff bei. Sollte es fehlen, können Sie es im Handel als Folie in verschiedenen Stärken ab 0,1 mm erhalten. Ebenso kann man aus Kupfer gefertigte Beschläge wie z. B. Scharniere für Geschützpforten im Handel erhalten.

Messing: Teile aus Messing werden in erdrückender Vielfalt im Fachhandel hauptsächlich für Beschlagteile und Figuren oder Ornamente angeboten. Das sieht zwar schön aus, ist aber meist historisch nicht richtig. Diese Teile müssen dann entsprechend bemalt werden.

Tombak: Wird hauptsächlich für Zierbänder und Ornamente verwendet, da es sich gut biegen oder abtrennen läßt. Zierbänder sind ebenfalls in reichlicher Auswahl erhältlich und dienen der zusätzlichen Dekoration.

Auch mit Papier bekommen Sie es in Ihrer Modellbauer-Laufbahn zu tun. Weniger als fertiges Teil für Ihr Modell, vielmehr aber als Schablone. Vor der Anfertigung eines schwierigen Bauteils ist es oft ratsam, das entsprechende Teil aus Karton zu schneiden und einzupassen. Erst wenn dieses genau stimmt, wird es aus Holz ausgeschnitten.

Manche Modellbaukästen beinhalten auch sogenanntes „Preßholz" auf einem Kartonträger. Dieses Preßholz läßt sich unter Wärmeeinfluß, z. B. Anstrahlen mit einem Fön, leicht biegen und angleichen. Will man den Kartonträger ablösen, schneidet man zunächst das Teil komplett mit dem Kartonträger aus und fährt dann sehr vorsichtig mit dem Bastlermesser zwischen die Karton- und Preßholzschicht und trennt beide. Aber seien Sie hierbei sehr vorsichtig! Sie können nicht so schnell schauen, wie Preßholz bricht! Es besteht aus einer Mischung von Harzen und Lindenholzmehl, das unter hoher Hitze in eine Form gepreßt wird. Die Hersteller behaupten, daß es sich leicht kleben und beizen lasse. Aber nur ersteres stimmt. Was das Beizen betrifft, muß ich sagen, daß man allenfalls mit Spiritusbeize Preßholz zu Leibe rücken kann. Auch das ist nicht so einfach, da Preßholz mehr Beize aufnimmt, als man eigentlich wollte. Daher – die Beize etwas mit Spiritus verdünnen und einmal mehr beizen. Danach das Teil bis zur Trocknung nicht berühren, da der Spiritus das Preßholz leicht anlöst. Aber durch Föntrocknung und infolge leichter Verflüchtigung des Spiritus ist das halb so schlimm. Auch kommen zuweilen Preßholzstücke als ausgesprochene Formteile bei manchen Herstellern zum Tragen, und zwar in Form von Füllstücken für Bug und Heck, ja sogar von ganzen Heckspiegeln. Für den Anfänger mag dies ja auf den ersten Blick verlockend sein, aber ein Preßholz-Heckspiegel zum Beispiel muß, wenn er nicht gebeizt wird, zuerst mit einer verdünnten Holzleimschicht bemalt werden, damit er danach nicht an der Oberfläche rauh und unansehnlich wird.

Als weiteres Material, das Sie eventuell benötigen, kommt Cellonfolie oder alter Fotofilm in Betracht. Man verwendet ihn für die Darstellung von Glas, z. B. bei Heckfenstern oder Laternen. Mit warmem Wasser kann man die Emulsion entfernen und danach die Rückseite dunkelblau bemalen. Mehr darüber im Kapitel „Heckspiegel".

Eine Dose Nitroverdünnung können Sie im Verlauf Ihrer Arbeiten ebenfalls gut gebrauchen. Nitroverdünnung eignet sich zum Auswaschen von Pinseln ebenso wie zur Verdünnung von Holzkitt. Man kann auch eingetrockneten Holzkitt mit Nitroverdünnung wieder gebrauchsfähig machen. Ebenso geeignet ist Nitroverdünnung zum Entfernen von Kontaktkleberflecken auf der Beplankung. Sie können auch die etwas billigere „Nitrowäsche" benutzen, die den gleichen Zweck erfüllt. Sorgen Sie aber bei der Arbeit mit diesem Mittel für gute Lüftung, denn nicht jeder kann den Geruch ertragen, und man sollte auch etwas auf seine Gesundheit Rücksicht nehmen.

Klebemittel

Die Auswahl des geeigneten Klebemittels erleichtert Ihnen die Arbeit erheblich und verschönert Ihr Endergebnis. Deshalb möchte ich nachstehend die wichtigsten Klebemittel für Ihre Arbeit aufführen:

Holzleim

Verwendet wird Holzleim beim Aufbau des Modellrumpfes, stellenweise findet er auch in der Takelage Verwendung. Holzleim von verschiedenen Herstellern, z. B. Ponal, finden sich reichhaltig im Fachhandel und Heimwerkerbedarf. Für die Verklebung des Spantgerüstes eignet sich Ponal mit der normalen Trocknungszeit, man kann in aller Ruhe etwaige Korrekturen treffen, bevor der Leim anzieht.

Die sogenannten Holzschnellkleber wie Bindan RS oder Ponal-Express haben die gleichen universellen Eigenschaften, nur eine wesentlich kürzere Trocknungszeit. Damit kann man sämtliche Decksaufbauten, Masten usw. kleben, und diese sitzen bereits nach einigen Minuten fest. Für die Verklebung der ersten Beplankungsschicht auf dem Rumpfgerippe ist die Trocknungszeit schon fast zu schnell, denn man muß den überquellenden Kleber ja wieder abwischen können, bevor das Ganze angetrocknet ist.

Beiden Klebern ist allerdings ihre Verdünnbarkeit mit Wasser gemeinsam, solange sie noch flüssig sind. Danach sind sie Wasser und Feuchtigkeit gegenüber relativ unempfindlich. Wenn Sie beim Kleben einen kleinen Behälter mit Wasser und einen etwas härteren Pinsel bereithalten, können Sie während des Trocknens den übergetretenen Klebstoff sorglos entfernen. Dieser ist dann auch nach dem Lackieren nicht mehr sichtbar, da er sich gegenüber den meisten Sprays und Farben neutral verhält. Wichtig ist nur das gründliche Entfernen.

Kontaktkleber

Auch dieser Klebstoff ist überall in den vorgenannten Geschäften erhältlich. Fabrikate wie z. B. Uhu-Grenit oder Pattex seien hier empfohlen. Die hauptsächliche Verwendung kommt diesen Klebern bei dem Aufbringen der zweiten Beplankungsschicht (Oberbeplankung) zu sowie beim Verkleben von Kupferplättchen unterhalb der Wasserlinie Ihres Modells. Man sollte berücksichtigen, daß beide zu verklebenden Teile bestrichen werden sollen und daß diese erst nach kurzer Antrocknungszeit (3 Minuten etwa) miteinander verbunden werden. Die Aufschrift auf der Verpackung gibt nähere Aufschlüsse. In jedem Fall kann man eventuelle Kleberreste nach der Arbeit mit einem mit Nitroverdünnung getränkten Stoff abwischen.

Cellulose-Schnellkleber

Dieser Klebstoff, z. B. UHU-hart, wird als ausgesprochener Modellbaukleber angepriesen, eignet sich jedoch nur bedingt für den historischen Modellbau. Für Punktklebungen zwischen Holz/Holz hat er nicht genügend Festigkeit. Allenfalls findet er z. B. bei dem leichten Ankleben der Brooktaue der Geschütze auf Deck oder der Verklebung von aufgeschlossenem Tau auf Nagelbänken Verwendung. Eine Tube auf Vorrat, selbst wenn Sie ihn nicht unmittelbar brauchen, schadet nicht.

Cyanid-Schnellkleber / Sekundenkleber

Er ist auch beim historischen Modellbau nicht mehr wegzudenken. Für uns ist seine hohe, sofort einsetzende Klebekraft bei Punktklebungen interessant. Allerdings ist der Umgang mit diesem Klebemittel nicht ganz ungefährlich. Wenn man einen Tropfen auf die Finger bringt, kleben diese sofort und können nur mit Schwierigkeiten wieder gelöst werden. Noch schlimmer ist es bei den Augen oder Schleimhäuten. Hier können bei Unachtsamkeit schwerste Verletzungen die Folge sein. Fassen Sie deshalb zu verklebende Teile *nur* mit der Pinzette an und halten Sie Kinder und Tiere fern. Im Handel sollten Sie ein Fläschchen Lösungsmittel dazukaufen, damit Klebestoffreste und „verklebte Finger“ sofort gereinigt werden können. Sekundenkleber ist extrem dünnflüssig und ist wirklich nur tröpfchenweise anzuwenden. Geeignet ist er für Holz/Holz- und Holz/Metall-Verklebungen, klebt aber in Verbindung mit vielen Kunststoffarten nicht. Das ist für uns aber ja sowieso weniger von Belang. Wenn das Modell bereits bemalt/gespritzt ist, kann es stellenweise zu weißlichen Verfärbungen kommen, daher alles vorher kleben. Achten Sie darauf, daß auf der Aufschrift „für poröse Materialien geeignet“ angezeigt ist, und seien Sie gerade bei diesem Kleber extrem vorsichtig.

2-Komponenten-Kleber

Er wird z. B. als UHU-sofortfest oder Stabilit-Express angeboten, wobei ich letzterem den Vorzug gebe. Die Einsatzmöglichkeiten sind zwar in unserem Fall relativ gering, der 2-Komponenten-Kleber eignet sich aber gut z. B. bei der Verklebung von Ringbolzen auf den Decks oder bei Einzelteilen, die einige Zugkraft aushalten müssen. Ferner gleicht er durch seine Eigenschaft geringfügige Paßdifferenzen aus, ohne seiner Klebekraft Abbruch zu tun.

5 Farben und Farbgestaltung

Das Thema „Bemalen und Farbgestaltung“ eines historischen Segelschiffsmodells dürfte dasjenige sein, bei dem sich die Gemüter der Modellbauer am meisten erhitzen. Zuweilen kann man da mit seinen Ansichten schon mal einen langjährigen Modellbaufreund verlieren.

Hier gibt es absolute Dogmatiker, die kaum eine andere Meinung gelten lassen. Aber lassen Sie sich nicht beeinflussen, auch nicht von „Profis“, und bauen Sie Ihr Modell so, wie es Ihnen am besten gefällt bzw. wie es sich nach dem späteren Standort einfügt.

Im Grunde genommen kann man aber von drei verschiedenen Richtungen ausgehen:

1. Vollständig historisch richtig bemalte Modelle
2. Teilweise farbig gestaltete Modelle
3. Ausgesprochene Blankholz-Modelle.

Ich möchte nun versuchen, die Vorzüge und Nachteile der verschiedenen Arten darzustellen, um Ihnen die Auswahl zu erleichtern, die Entscheidung kann ich Ihnen jedoch nicht abnehmen.

Zu 1:

Unbestreitbar kann man beim originalbemalten Modell das Schiff so darstellen, wie es wirklich ausgesehen hat. Das Modell wirkt lebendig und lebhaft. Andererseits paßt sich ein solches Modell, gerade wenn es etwas größer ist, nicht immer der Einrichtung des Raumes an, in dem es steht.

Auch verdeckt man zum Teil wertvolles Holz, selbst wenn man, wie es die meisten tun, die Farbe mit feinster Stahlwolle schleift, damit die Struktur des Holzes nicht ganz verloren geht. Zur Verwendung kommen ausschließlich Tempera- oder sogenannte Ecoline-Farben (im Zeichenbedarfsgeschäft), die mit Wasser verdünnbar sind. Auch Lasurfarben für Bauernmalerei sind geeignet. Tatsache ist, daß die meisten Museumsmodelle farblich gestaltet sind, um so den glaubhaftesten Eindruck zu vermitteln.

Geben Sie sich bitte nicht der Illusion hin, zu glauben, daß der Farbanstrich kleine Pfuschereien beim Bauen verdecken hilft. Genau das Gegenteil ist der Fall! Farbe deckt nicht zu, sondern auf! Gerade bei der Bemalung der Beplankung tritt dies oft erschrekkend in Erscheinung.

Zu 2:

Sozusagen eine Zwischenrichtung ist die zweite Gruppe, die ihr Modell nur teilweise bemalt, um so z. B. eine saubere Beplankungsarbeit zu zeigen und das Modell nicht ganz mit Farbe zu „erschlagen“. Irgendwie werde ich aber nicht die Ansicht los, daß hier nichts Halbes und nichts Ganzes zustande kommt, und ich bin der Ansicht, man sollte sich der 1. oder der 3. Möglichkeit anschließen.

Zu 3:

Hier kommen die Holzfetischisten voll auf ihre Kosten. Zwar mag das historisch bisweilen etwas zweifelhaft sein, aber warum sollte gerade der erfahrene Modellbauer in Abänderung seines Baukastens sich die teuersten und seltensten Hölzer mühsam beschaffen, um sie dann mit Farbe zu überpinseln? Man will ja kein Fahrmodell bauen, das auch durch die Farbe wirken soll, sondern man möchte in der Regel einen Raumschmuck, der sich einfügt, ohne sich mit der anderen Einrichtung zu „beißen“. Die lange, mühsame Arbeit, die man investiert hat, kommt voll zum Ausdruck, wenn sie auch leider nur ein Gleichgesinnter zu würdigen weiß.

Man sollte jedoch bei der Blankholzbauweise verschiedenfarbiges Holz verwenden und Teile wie Barkhölzer, Rahen, Schanzkleider, Masttopps und Marse eventuell durch Beize betonen, um kein langweilig wirkendes Modell zu erhalten.

Ich bin ein überzeugter Anhänger dieser Richtung, und meinen Modellbaukollegen ist es trotz mehrfacher Versuche noch nicht gelungen, mich vom Gegenteil zu überzeugen.

Zum Abschluß des Rumpfbaus wird hier, wie auch beim farblich gestalteten Modell, eine dünne Schicht Matt-Klarlackspray aufgesprüht, um Beize oder Farbe zu fixieren und den Rumpf vor Staub zu schützen. Für Kleinteile aus Plastik und Metall eignen sich sehr gut Matt-Farben des Plastik-Modellbaues, die überall im Spielwarenhandel erhältlich sind. Sie sollten überhaupt für Ihr Modell nur Matt-Farben verwenden. Glänzende Lacke sehen zwar bei einem Auto gut aus, verderben ein historisches Schiffsmodell jedoch gänzlich. Abgesehen davon gab es zur damaligen Zeit noch keine glänzenden Farben und Lacke, da diese damals ausschließlich Naturprodukte waren.

Wie bereits erwähnt, wird zum Abschluß der Arbeiten am Rumpf das Modell mit Matt-Klarlack gespritzt. Leider verdienen manche Mattsprays ihre Bezeichnung nicht, da sie nach der Trocknung trotzdem einen leichten Glanz haben. Ich empfehle Ihnen hier das Matt-Spray von „Marabu“, das im Zeichen- und Malzubehörhandel erhältlich ist. Es ist mit einem pastellgrünen Etikett versehen. Dieses Spray verhält sich auch neutral gegenüber Plastik- oder Cellonscheiben (z. B. Fenster).

Für die Farb- wie auch für die Blankholz-Fanatiker kommen ebenfalls Beizen verschiedener Art während ihrer Arbeit zum Tragen. Die sogenannten „Wasserbeizen“ sind im Handel in Tütchenform zum Selbstanrühren oder als gebrauchsfertige Beize im Fläschchen vorfindbar. Ein universeller Farbton ist hier „Nußbaum - mittel“, der für viele Teile Ihres Modells verwendet werden kann. „Nußbaum - dunkel“ eignet sich sehr schön zum Einfärben der Rahen, Barkhölzer usw.

Die sogenannten „Spiritusbeizen“ werden mit Spiritus anstatt Wasser angemischt und verdünnt. Sie sind in den gleichen Farbtönen erhältlich, färben aber wesentlich kräftiger ein und neigen leicht zu unerwünschten Glanzstellen bei mehrmaliger Einfärbung. Für Preßholz oder für Takelgarn ist Spiritusbeize unerläßlich, da hier gegenüber Wasserbeize ein wesentlich intensiveres Eindringen in das Material gewährleistet ist.

Obwohl Beizen wie auch Tempera-Farben sehr schnell trocknen, kann man diese Zeit wesentlich unter Zuhilfenahme eines normalen Haarföns verkürzen. Wie wertvoll so ein Fön sein kann, werden Sie feststellen, wenn Sie ihn ständig im Gebrauch haben. Beiden Beizen ist das leichte Aufstellen und Rauhwerden der Holzfasern nach dem Trocknen gemeinsam. Man kann hier mit einer alten Zahnbürste Abhilfe schaffen, indem man kräftig nachreibt. Noch besser „poliert“ man mit einem fusselfreien Lappen mehrmals die gebeizte Stelle.

Bei Teilen, die sehr fest sitzen sollen, ist es oft angebracht, die Beize vor der Verklebung des Teiles an den Klebestellen zu entfernen.

Die Beizen kann man auch in anderen Tönen oder Mischungen später noch verwenden, wie z. B. bei der Takelage, dem stehenden oder laufenden Gut, den Segeln usw., aber dazu kommen wir im entsprechenden Kapitel.

Wenn Sie Holz bleichen bzw. aufhellen möchten, empfiehlt sich Wasserstoffsuperoxyd, das Sie in Apotheken oder Chemikalienhandlungen erhalten. Tragen Sie bei dieser Arbeit jedoch *unbedingt* Gummihandschuhe, sonst werden Ihre Finger genauso bleich wie das Holz!

Um Metall zu schwärzen oder zu brünieren, wie das zum Beispiel bei Kanonenrohren der Fall ist, bietet die Firma Krick neuerdings ein Brünierungsmittel an, mit dem sich der gewünschte Effekt mühelos erzielen läßt. In Apotheken ist auch sogenannte „Schwefelleber“ erhältlich, die mit Wasser gebrauchsfertig gemacht wird und ebenfalls Messingteilen einen brünierten Effekt verleiht.

Sind die Teile, z. B. Kanonenrohre, aus Plastik und will man ebenfalls einen brünierten Metalleffekt erzielen, ist die Sache schon etwas schwieriger. Zunächst bemalt man das Teil mit mattschwarzer Farbe (Humbrol). Nach der Trocknung trägt man eine zweite, dünne Farbschicht aus stark verdünntem Grau auf und wischt, bevor die zweite Farbschicht antrocknet, leicht über das Ganze. Nun nimmt man eine sehr weiche Bleistiftmine und schabt mit einer scharfen Klinge den Graphitstaub der Mine in ein kleines Gefäß (Flaschen-Kronkorken). Mit einem Pinsel nimmt man nun vorsichtig den Graphitstaub auf und pudert ihn über das noch nicht ganz getrocknete Teil. Anstatt der Bleistiftmine kann man auch feinen Graphitstaub verwenden, der für das Schmieren von Zylinderschlössern im Schlüsselfachgeschäft erhältlich ist. Im Plastikmodellbau gibt es in der „Authentik-Serie“ von Humbrol einen Farbton „Gun-Metall“, der den gleichen Effekt erzielt. Er wird hauptsächlich zum Bemalen von Maschinengewehren usw. bei Plastik-Flugzeugen verwendet. Das Teil gleicht nach der Bemalung ebenfalls brüniertem Metall.

Welche Farbtöne bzw. Unterwasserbeschläge sich für Ihr Modell eignen oder anbieten, erfahren Sie im Kapitel „Rumpfbau“.

Spanische Galeone – Modell von Billing-Boats

6 Der Baukasten

Die allermeisten, die sich den historischen Schiffsmodellbau als neues und bleibendes Hobby zulegen möchten, beginnen ihre Modellbauerlaufbahn mit einem Baukastenmodell. Das ist auch gut so. Was nützt dem Anfänger der beste und detaillierteste Bauplan eines Marinemuseums, wenn er die Grundbegriffe des Schiffsmodellbaues noch nicht kennt? Absolut gar nichts, denn man ist einfach überfordert.

Aber auch für den erfahrenen Modellbauer stellt der Baukasten eine gute Grundlage dar, die weiten Spielraum für Ergänzungen und historische Verbesserungen abgibt. Ich teile nicht die Meinung vieler „Planbau-Profis", daß nur der reine Planbau ein optimales Modell entstehen läßt und zudem wesentlich billiger sei. Ein guter Bauplan ist meist nur ab 50,– DM aufwärts zu haben, von den teueren Holzarten wie Birnbaum, Buchsbaum usw. einmal ganz abgesehen. Auch die dann erforderlichen Werkzeuge wie Kreissäge, Drehbank usw. schlagen verbitternd hoch zu Buche.

Meiner Meinung nach besteht der Vorteil eines Baukastens darin, daß man die meisten Teile sozusagen „mundgerecht" serviert bekommt (allerdings mit allen dem Baukasten anhaftenden Fehlern), ohne sich zunächst um Holzeinkäufe, Beschlagteilbestellungen und Zusendungen von seltenen Bauplänen kümmern zu müssen. Natürlich sind die meisten Baukästen in einem einheitlichen Stil gehalten, aber es liegt am Geschick und dem handwerklichen Können jedes einzelnen Modellbauers, was er aus dem vorgesetzten Baukasten macht. Jeder Modellbauer hat seine eigene „Handschrift", und wenn Sie den gleichen Baukasten an zwanzig verschiedene Modellbauer liefern, erhalten Sie nach der Bauzeit zwanzig verschiedene Schiffe. Das Spektrum reicht dann von „miserabel" bis zu „museumsreif".

Natürlich sollten Sie sich darüber im klaren sein, daß jeder Baukasten einiger Verbesserungen bedarf, damit Sie auch nach Jahren oder nach der Begutachtung durch andere Modellbauer noch Freude an Ihrem Modell haben.

Als erstes wäre da die Ergänzung durch einen historisch einwandfreien Bauplan zu nennen, aufgrund dessen man dann das Modell überarbeiten und Schwachstellen bzw. historisch unglaubwürdige Baulösungen korrigieren kann. Die meisten historischen Schiffsmodelle, die als Baukästen angeboten werden, sind so bekannt, daß mit Sicherheit zusätzliche, meist glaubwürdigere Baupläne über den Fachhandel oder über Spezialversender erhältlich sind.

Zweitens sollte man den beigelegten Beschlagteilen und Beibooten ein gerütteltes Maß an Mißtrauen entgegenbringen. Meist sind diese Teile riesig überdimensioniert oder historisch falsch. Das Takelgarn ist oft zu knapp bemessen und muß bei fast allen Baukästen nachgefärbt werden.

Diese Aussagen sollen die Baukästen nicht abwerten, aber die Ehrlichkeit Ihnen gegenüber als Käufer dieses Buches gebietet mir, auf die Schwachstellen aufmerksam zu machen.

Wenn Sie Ihr erstes Modell bauen, tun Sie gut daran, sich selbstkritisch einzuschätzen und vor allen Dingen Ihre handwerklichen Fähigkeiten genau zu durchleuchten. Wer als Anfänger die „Soleil Royal", die „Wasa" oder die „Victory" kauft, wirft sein Geld zum Fenster hinaus und landet im Verlauf der Arbeit unwillkürlich auf dem Bauch. Ein Kutter, eine Brigg oder ein kleiner Schoner hingegen kann auch als erstes Modell schon ein Spitzenmodell sein, um das Sie andere Modellbauer beneiden.

Aber – welches Modell kauft man nun am besten? – Wer die Wahl hat, hat die Qual: Welcher Baukasten ist historisch glaubhaft? – In welchem finde ich gutes Material vor?

Die Fregatte „Unicorn“ von Corel, ein Modell für Fortgeschrittene

Der Schoner „La Toulonnaise“. Ein Baukasten von Corel, der auch für etwas ungeübtere Modellbauer geeignet ist

– Bei welchem sind die Beschlagteile halbwegs tragbar? – Und vor allen Dingen: Welcher entspricht meinen Vorstellungen? Diese und ähnliche Fragen werden Sie sich nun sicher stellen. Das ist auch gut so, denn Sie müssen den Kasten ja schließlich auch bezahlen.

Am besten besorgen Sie sich im Fachhandel zunächst die Kataloge der bekanntesten deutschen Anbieter, die zum Teil auch ausländische, vor allen Dingen italienische und dänische Baukästen anbieten. Das kostet zunächst ein paar Mark, aber dadurch gewinnen Sie einen guten Gesamtüberblick. Sehen Sie sich zu Hause in aller Ruhe die Kataloge an. Schon die Bilder können sehr aufschlußreich sein. Beachten Sie die im Katalog angegebene Größe des Modells, und wählen Sie das Modell auch ruhig nach seinem späteren Standort aus. Was nützt Ihnen das schönste Modell, wenn Sie nach dem Bau nicht wissen, wohin damit. In aller Regel sind die Größenangaben des Modells und auch dessen Maßstab im Katalog aufgeführt.

Arabische Sambuke „Al Bahran“, ein sehr schönes Anfängermodell von Krick (Corel-Modell)

Der Maßstab spielt neben der Größe ebenfalls eine entscheidende Rolle. Bei Baukästen kommen, bis auf wenige Ausnahmen, drei Maßstäbe zum Tragen. Diese drei Maßstäbe haben auch ihre Bedeutung bei internationalen Wettbewerben, wenn man sein Können soweit gesteigert hat, daß man sich daran teilzunehmen traut. Nachstehend habe ich ihre wichtigsten Eigenschaften kurz beschrieben, damit Sie entscheiden können, welcher Maßstab für Sie wohl der geeignete wäre.

1:100

Große Schiffe wie die „Victory“, die „Constitution“ u. ä. können in diesem Maßstab noch wohnzimmergerecht hergestellt werden, ohne daß Sie einen Ehekrach heraufbeschwören. Die „Victory“ ist im Maßstab 1:100 etwa 110 cm lang. Natürlich müssen aufgrund der Verkleinerung einige Details leiden, wie z. B. die Rückholtakel der Geschütze, Racks an

Holländische Staatenjacht um 1646, ein ebenfalls für Anfänger geeignetes Modell von Steingraeber

Die „Santa Maria“ von Graupner, die auch für Anfänger problemlos zu erstellen ist. Der Rumpf und die Decks sollten unbedingt mit einer dünnen Beplankung versehen werden, die aber leider nicht im Baukasten enthalten ist

den Rahen, verschiedene Blöcke der Takelage usw. Auch sind die Beschlagteile in den Kästen der 1:100-Modelle oft riesig überdimensioniert. Wer sich trotzdem als drittes oder viertes Schiffsmodell unbedingt einen Dreidecker zulegen möchte, dem sei dieser Maßstab empfohlen.

1:75

Ein Maßstab für Modellbauer aller Schattierungen. Der Könner kann sich bereits hier an Details austoben, und der Anfänger ist nicht direkt gezwungen, fast jeden Nagel originalgetreu darstellen zu müssen. Für Modelle mittlerer Größe hervorragend geeignet.

1: 50

Der Modellmaßstab schlechthin. Museumsmodelle sind ausschließlich in diesem Maßstab gefertigt, und man kann hier ungeheueren Detailreichtum zeigen. Allerdings erfordert dieser Maßstab auch gehörige historische Kenntnisse, wenn man auf Wettbewerben vor anderen Modellbauern bestehen will.

Ein Dreidecker in diesem Maßstab ist ein Lebenswerk! Wenn Sie diesen Maßstab wählen möchten, empfiehlt es sich, ein Schiff nachzubilden, das auch im Original nicht länger als etwa 50 Meter war. Lieber ein kleines Schiff mit allen Details in diesem Maßstab bauen als einen Dreidecker recht und schlecht zusammenkleistern.

Geringe Abweichungen von diesen Maßstäben kommen vor und sind durchaus tragbar. In England und Amerika wären zum oberen Vergleich die Maßstäbe 1:96, 1:72 oder 1:48 vorgegeben.

Die meisten der im Handel befindlichen Baukästen sind in Spant-Bauweise ausgelegt. Das bedeutet, daß, ähnlich wie beim Original, die Spanten auf den Kiel aufgesetzt werden und das Gerippe danach mit Planken bzw. Leisten verkleidet wird.

Die amerikanische Brigg „Lexington“ von 1775. Aeropiccola-Modell von Steingraeber

Gute italienische Baukästen haben meist zwei Beplankungsschichten, was den höchst willkommenen Vorteil hat, daß man nach der Erstbeplankung des Rumpfes mittels Holzkitt noch kleinere Dellen und andere Ungenauigkeiten korrigieren kann. Bei Baukästen in Einschichtbeplankung sollte man genauso vorgehen und die paar Mark für die Leisten der zweiten Beplankungsschicht nicht scheuen. Das Endergebnis ist mit Sicherheit überzeugender.

Gelegentlich trifft man auch auf Baukästen in Schicht- oder Blockbauweise. Bei der Schichtbauweise besteht der Rumpf aus mehreren Holzschichten, die übereinander- oder nebeneinandergeklebt werden. Die genaue Rumpfform wird dann mittels Schablonen und dem Wasserlinienriß bzw. Seitenriß ermittelt. Die Firma Graupner z. B. hat zwei Modelle, die auf diese Art und Weise hergestellt werden. Aber ansonsten kommt diese Bauweise bei Baukästen recht selten vor, zumindest was den deutschen Markt betrifft.

Bei der Blockbauweise wird das Unterwasserschiff oder der Rumpf als fertiger, vorgefräster Block dem Baukasten beigegeben, was dem Anfänger die Arbeit sehr erleichtert. Des guten Aussehens wegen sollte der Rumpf aber unbedingt trotzdem mit einer dünnen Oberbeplankung versehen werden. Modelle in dieser Bauart wären die „Mayflower" oder die „Fregatte Berlin", beide ebenfalls von Graupner. Aber, wie bereits gesagt, diese Bauarten sind seltener anzutreffen. Beim ausgesprochenen Planbau hingegen wird die Schichtbauweise gerne bei Schiffsmodellen verwendet, die nicht allzu groß sind, ein glattes Deck haben und keine Geschütze im Unterdeck aufweisen (z. B. Korvette).

Sie haben nach einigen Abenden sicherlich in den Katalogen einige für Sie passende Modelle gefunden. Um Ihnen aber die Auswahl etwas zu erleichtern, möchte ich die wichtigsten Hersteller bzw. Anbieter guter Modellbaukästen anführen und die meiner Meinung nach geeigneten Modelle für Anfänger und auch für Könner aufzeigen.

Katalog der Firma Krick Modelltechnik, Knittlingen

Corel:	Für Anfänger:	„Flying Fish", „Amphion", „Al Bahran", „Half Moon", „La Toulonnnaise"
	Für Könner:	„Wasa", „Victory", „Reale de France", „La Couronne"
Mantua/Sergal:	Für Anfänger:	„Sharke", „Jamaica", „Bounty", „Peregrine Galley"
	Für Könner:	„Soleil Royal", „Victory", „Cutty Sark", „La Couronne"
Panart:	Für Anfänger:	„Santa Lucia", „Lynx" und „Kutter von 1800"
	Für Könner:	„Amerigo Vespucci" und „San Felipe"
Krick:	Für Anfänger:	„Karl und Marie"

Katalog der Firma Steingraeber, Stadtallendorf

Mamoli:	Für Anfänger:	„Roter Löwe", „Holl. Staatenyacht", „Golden Hind", Schonerjacht „America"
	Für Könner:	„Friesland", „Victory" und „Constitution"
Aeropiccola:	Für Anfänger:	„Lexington" und „Swift"
	Für Könner:	„Essex" und „Prince"
Bonardi:	Für Anfänger:	„Lyde" und „Pinco"
	Für Könner:	„Ajax" und „Friedrich Wilhelm zu Pferde"

Schichtbauweise beim „Adler von Lübeck“ von Graupner. Die Rumpfhälfte oben ist zusammengeklebt, die untere bereits egalisiert

Rumpf-Blockbauweise bei der Fregatte „Berlin“ von Graupner

Katalog der Firma Simprop-Electronic, Harsewinkel

Billing Boats:	Für Anfänger:	„Marie Jeanne", „Santa Maria" und „Spanische Galeone"
	Für Könner:	„Wasa", „Norske Løve", „Cutty Sark"

Katalog der Firma Graupner, Kirchheim/Teck

Graupner:	Für Anfänger:	„Santa Maria", „Fregatte Berlin", „Mayflower"
	Für Könner:	„Adler von Lübeck"

Katalog der Firma Aeronaut, Reutlingen

Aeronaut:	Für Anfänger:	„Santa Elena" und „Capitana di Veneta"
	Für Könner:	„Unicorn"

Der „Adler von Lübeck". Modell im Deutschen Museum, München

Der Detailtreue wegen würde ich eher zu den Modellen von Krick, Corel, Panart, Mamoli, Bonardi und ggf. Billing Boats tendieren. Natürlich gibt es auch noch andere Hersteller historischer Schiffsbaukästen (Artesania Latina, Amati, Bluejacket usw.), und es ist nicht gesagt, daß diese unbrauchbar wären. Sie spielen aber auf unserem Markt eine untergeordnete Rolle, und es sind hier leider, wie auch bei den vorgenannten renommierten Anbietern, einige Modelle im Programm, die kaum die Schachtel wert sind, in die man sie verpackt hat. Sorgfältige Auswahl und gründlicher Vergleich tun hier also not!

Als nächstes werden Sie nun wohl ein Fachgeschäft in Ihrer Nähe aufsuchen. Sehen Sie sich dort in aller Ruhe die angebotenen Baukästen an. Erwarten Sie sich vom Verkaufspersonal nicht allzuviel Entscheidungshilfe, denn nur die wenigsten bauen selbst histori-

Kurbrandenburgische Fregatte „Friedrich Wilhelm zu Pferde" aus der zweiten Hälfte des 17. Jahrhunderts

Ebenfalls ein Modell für Könner von Bonardi (über Steingraeber). Dieses Schiff gehörte ab 1684 zur Flotte des Kurfürsten Friedrich Wilhelm von Brandenburg. Das Schiff führte nur drei Seereisen aus. Es wurde 1693 in der Straße von Gibraltar von sechs französischen Schiffen angegriffen, geentert und anschließend verbrannt. Die Besatzung konnte sich größtenteils retten und kehrte zu Fuß von Brest nach Emden zurück

sche Schiffsmodelle. Sehen Sie sich das ausgewählte Modell gründlich und lange genug an, selbst wenn Sie dem Verkaufspersonal auf die Nerven fallen sollten. Denn die 300,– bis 500,– DM für einen guten Baukasten haben Sie ja auch verdienen müssen und nicht aus dem Ärmel geschüttelt.

Prüfen Sie die Holzqualität, die Beschlagteile und vor allen Dingen den Bauplan. Ist alles Ihrer Vorstellung entsprechend? Oder wählen Sie nicht doch lieber ein etwas einfacheres Modell? Wenn Sie sicher sind, daß Sie mit diesem Modell dann auch Monate, eventuell sogar ein bis zwei Jahre zubringen möchten, dann öffnen Sie Ihren Geldbeutel.

Wenn Sie mit Ihrer Neuerwerbung zu Hause angekommen sind, wäre der größte Fehler, den Sie begehen könnten, der, sofort anfangen zu wollen. Nehmen Sie sich Zeit. Je mehr, desto besser, und sehen Sie sich alles ganz genau an, gehen Sie Bauabschnitt für Bauabschnitt vor und lassen Sie das Modell vor Ihrem geistigen Auge wachsen. Sagen Sie nicht: „Das ergibt sich schon irgendwie" oder „wenn ich bei diesem Teil bin, wird mir schon was einfallen". Nein – Sie sollten es vorher schon wissen!

Prüfen Sie die Beschlagteile ganz genau. Errechnen Sie anhand des Maßstabes, ob Treppen, Fässer, Grätings, Beiboote usw. im Original einer glaubhaften Größe entsprechen würden.

Fertigen Sie sich eine Liste an, welche Beschlagteile Sie später gegen genauere und passendere auswechseln wollen. Wenn Sie die Teile im Fachgeschäft jetzt schon bestellen, sind sie zur Hand, wenn sie gebraucht werden.

Eintrittspforte am Rumpf der „Victory“

Sie können sich auch auf einen Kartonstreifen ein Männchen in der maßstäblichen Größe zeichnen (ein Mensch im Maßstab 1:75 wäre ca. 2,26 cm groß) und damit Vergleiche anstellen. Auch später im Verlauf Ihrer gesamten Bauarbeit können Sie mit Ihrem „Kartonmännchen“ Größenvergleiche anstellen und die eigentlich gravierenden Fehler des historischen Schiffsmodellbaues von vornherein ausräumen.

Das „Maßstabmännchen“ hilft Ihnen bei vielen Größenvergleichen während der Bauarbeit, vor allen Dingen bei der Kontrolle von Beschlagteilen

Suchen Sie in Ihrer Stadt oder an Ihrem Wohnort nach Gleichgesinnten. Die Tips, die Ihnen ein „professioneller“ Schiffsmodellbauer geben kann, sind Gold wert. Erkundigen Sie sich, ob in Ihrer Nähe Schiffsmodellbauertreffen stattfinden, und gehen Sie dort hin.

Erfahrene Modellbauer und auch theoretisch Interessierte haben sich zum „Arbeitskreis historischer Schiffbau“ zusammengeschlossen, der außer einer jährlichen Arbeitskreistagung auch kleinere regionale Treffen veranstaltet. Hier finden Sie die Leute, die für Sie wichtig sind. Wenn Sie gerne Kontakt aufnehmen möchten, hier die Adresse: Horst Parchatka, Neue Dimbergstraße 8a, 6501 Heidesheim.

Lassen Sie sich aber bitte nicht beirren, wenn Sie Leute treffen, die schon länger und besser bauen als Sie. Niemand wird Ihre Arbeit und Mühe abwerten, auch wenn einige grobe Fehler an Ihrem Modell sind. Denn nur ein anderer Modellbauer weiß, welch mühsame Arbeit dahintersteckt. Im Grunde genommen bauen Sie ein Schiffsmodell nur für sich selbst und für andere Modellbauer. Es gibt auch keinen anderen Zweig des Modellbaus, in dem soviel Präzision und Genauigkeit erforderlich ist, vielleicht vom extremen Eisenbahnmodellbau abgesehen.

Gehen Sie ruhig mit guten Modellbauern Ihren Bauplan durch, und lassen Sie sich Schwachstellen zeigen! Besorgen Sie sich zusätzliche, historisch zuverlässige Unterlagen zu Ihrem Schiff. Die Fachbuchhandlung Chr. Schmidt, 8000 München 70, Sauerbruchstraße 10, z. B. führt viele gute Bücher über Marinehistorik, Schiffsbau und Schiffsmodelle. Vielleicht gibt es ein Buch zu Ihrem Modell. Auch in größeren Bibliotheken findet sich oftmals Brauchbares. Sammeln Sie alle Unterlagen, derer Sie habhaft werden können. Es lohnt sich in jedem Fall!

7 Der Rumpfbau von Baukastenmodellen

Beim Bau eines Schiffsmodells aus einem Baukasten müssen Sie zunächst eine Bauhelling erstellen. Dazu benötigen Sie ein völlig gerades Brett oder eine Spanplatte, die etwas größer ist als der Kiel und ungefähr so breit wie das Modell, sowie zwei Leisten von 10 mm × 10 mm und der jeweiligen Länge des Brettes. Befestigen Sie mit Leim und kleinen Nägeln die Leisten jeweils so auf dem Brett, daß der Kiel genau zwischen die beiden Leisten paßt und völlig aufrecht steht. Klemmen Sie notfalls noch eine dünne Leiste oder einen Kartonstreifen dazwischen.

Da die meisten Baukästen bereits einen vorgeschnittenen Kiel und Spanten haben, entfällt für Sie die etwas mühsame Arbeit des Ausschneidens. Andernfalls müssen Sie das nun tun und besagtes Kielteil nach dem Glätten mit Schleifpapier zwischen den Hellingleisten plazieren.

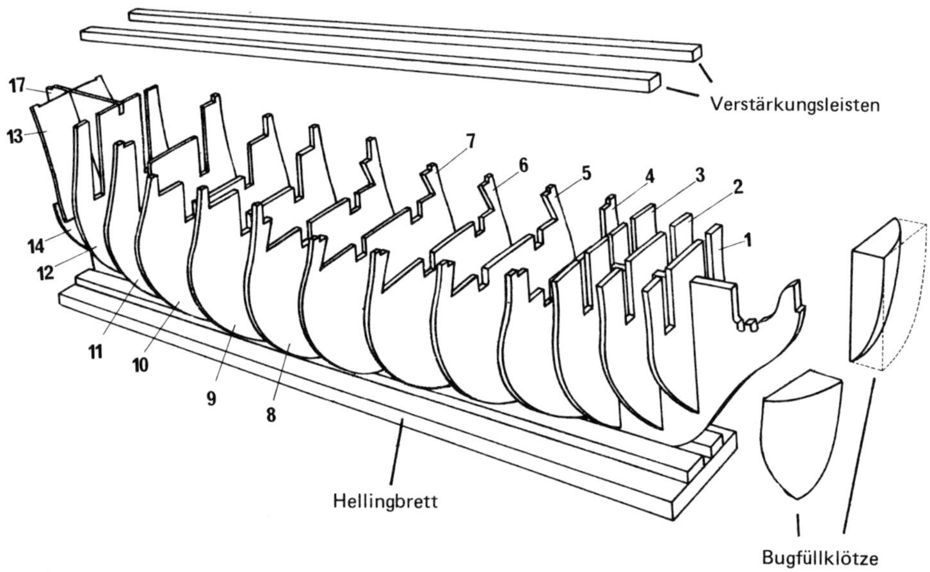

Kiel und Spanten der „Victory"

Setzen Sie jetzt zunächst einmal probeweise die Spanten auf das Kielteil in der dafür vorgesehenen Reihenfolge. Bei manchen Spanten werden Sie feststellen, daß sie nur streng oder zu leicht in das Kielteil passen. Wenden Sie hier keine Gewalt an! Feilen Sie oder schleifen Sie solange, bis alles leicht zusammenpaßt. Haben Sie versehentlich zuviel Material weggenommen, kleben Sie ein Leistenstückchen in den Ausschnitt des betreffenden Spants.

Nun können Sie am lose aufgesteckten Rumpf schon die spätere Rumpfform erkennen. Sie können sich die spätere Arbeit des Spantenstrakens wesentlich erleichtern, wenn Sie die ersten 3 bis 4 Bugspanten nach vorne und die letzten 3 bis 4 Heckspanten nach hinten leicht schräg anschleifen, bevor Sie die Spanten verkleben. Aber bitte nicht zuviel! Den späteren Plankenverlauf können Sie nur nach der Verklebung ermitteln. Passen Sie nun die so bearbeiteten Spanten nochmals auf den Kiel ein.

Bei der jetzt folgenden Phase müssen Sie sich völlig auf Ihr gutes Augenmaß verlassen. Stellen Sie sich im Abstand von etwa 1,5 m vor das Rumpfgerippe, und überprüfen Sie, ob die Spanten links und rechts genau der gegenüberliegenden Seite entsprechen. Sollte dies der Fall sein, gut. Es ist aber meist nicht so. Sie müssen am entsprechenden Spant im Kielschlitz etwas Material wegnehmen, so daß der Spant etwas seitlich nach links oder rechts verschoben werden kann. Wenn Sie sicher sind, daß alles stimmt, beginnen Sie mit der Verklebung.

Verkleben Sie den ersten Bugspant. Treten Sie danach wieder ca. 1,5 m zurück und überprüfen Sie alles. Entfernen Sie den groben Leimüberschuß und leimen Sie nun den zweiten Spant ein. Auch hier wieder, zurücktreten, überprüfen, den Leimüberschuß grob entfernen. Dann den dritten Spant usw.

Wichtig ist vor allen Dingen die Stellung des verklebten Spantes zu den bereits vorher verklebten. Verhältnis links zu rechts genau beachten!

Lassen Sie sich hier bitte viel Zeit. Fehler, die an dieser Stelle gemacht werden, können nur schwerlich wieder korrigiert werden. Benützen Sie einen Holzleim mit etwas längerer Trockenzeit, da Sie sicher hin und wieder etwas korrigieren müssen. Wenn Sie alles aufgeklebt haben, entfernen Sie nur noch eventuelle Leimnasen, die auf das später sichtbare Kielteil herunterlaufen würden, vorsichtig mit einem feuchten, härteren, kleinen Pinsel, aber möglichst ohne die Spanten zu berühren. Lassen Sie nun das Ganze über Nacht gut durchtrocknen.

Sägen Sie nun von einer 10×10-mm-Leiste kleine Leistenstückchen ab und kleben sie als Verstärkung in die Ecken, wo Kiel und Spanten aufeinanderstoßen. Lassen Sie lediglich den vorderen und vielleicht den hinteren Spant frei, wo später die Bug- oder Heckfüllklötze angeleimt werden. Natürlich müssen Sie auch darauf achten, daß die Leistenstücke nicht über den jeweiligen Spantenrand hinausstehen.

Nach dem Trocknen hat das Rumpfgerippe Ihres Modells nun schon eine beachtliche Festigkeit. Sollten als zusätzliche Verstärkungsleisten noch Längsleisten vorgesehen sein, montieren Sie auch diese und lassen Sie sie ebenfalls gut durchtrocknen.

Nun müssen Sie für das Bug- und eventuell auch für das Heckteil Füllklötze anfertigen. Viele Baukästen enthalten jedoch bereits solche Füllstücke, die allerdings noch auf das

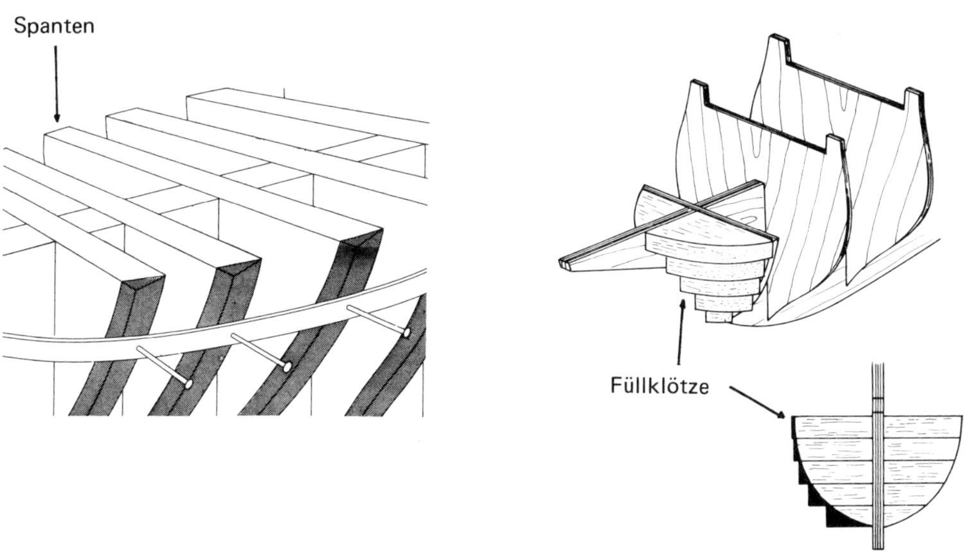

Das Straken von Spanten und Füllklötzen. Die dunkel gezeichneten Stellen werden mit Hilfe einer Raspel bearbeitet

erforderliche Maß gebracht werden müssen. Sollten im Kasten die Füllstücke nicht enthalten sein, können entsprechende Lindenholzstücke beim Schreiner oder im Modellbau-Fachhandel gekauft werden. Ist Ihr Modell etwas größer, können Sie die Füllstücke in mehreren Teilen treppenartig übereinanderkleben und nach dem Trocknen in die gewünschte Form schleifen. Die Füllstücke dienen dem Erreichen der optimalen Rumpfform und als Auflage der Planken an den kritischen Stellen von Bug und Heck. Wenn Sie sich überzeugt haben, daß die Füllstücke genau passen, können diese verklebt werden.

Nun werden die Spanten gestrakt, das heißt, die Spanten werden so bug- und heckwärts angeschrägt, daß später die erste Beplankung gut und fugenlos aufliegt und einen harmonischen Plankenverlauf ergibt. Benutzen Sie hierzu ein scharfes Messer oder, noch besser, eine Feile oder Raspel. Überprüfen Sie mit einer Leiste von Spant zu Spant, von oben nach unten schrittweise die gute Auflage der Leiste. Was zuviel ist, wird abgeschliffen, wo etwas Material fehlt, kleben Sie kleine Leistenstückchen auf.

Sollte das von Ihnen gewählte Modell Geschütze im Unterdeck haben, müssen Sie nun in Ihr Rumpfgerippe die Halterungen für die Geschütze einbauen. Im Maßstab 1:100 oder 1:75 können als Unterdeckgeschütze gut sogenannte „Halbrohre“ montiert werden, die Ihrem Baukasten beiliegen oder im Handel zu beziehen sind. Im Modellmaßstab 1:50 jedoch ist es besser, an der entsprechenden Stelle ein kleines Hilfsdeck einzuziehen, das sinnvollerweise aus einem Holzstückchen, von Spant zu Spant befestigt, besteht. Darauf wird die Lafette an der richtigen Stelle geschraubt oder geklebt, das Kanonenrohr jedoch erst nach Fertigstellung des Rumpfes angebracht, um es nicht versehentlich wieder abzureißen. Wo die richtige Stelle ist, geht aus dem Bauplan hervor.

Für die Halterung der Halbrohre empfiehlt sich eine kleine L-förmige Konstruktion, wie sie aus der Skizze ersichtlich ist.

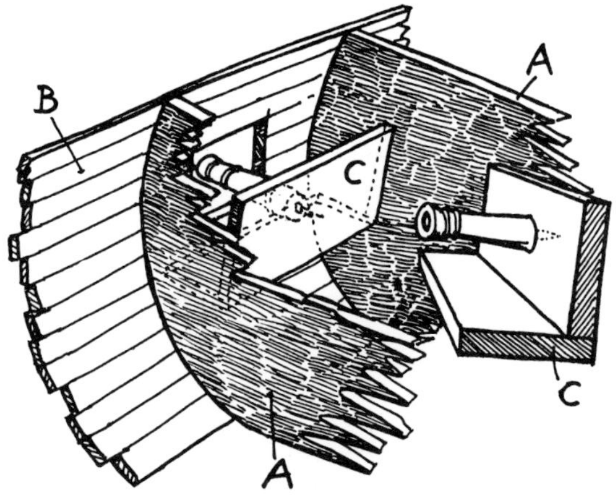

Die Halterung für Halbrohre zwischen den Spanten
A Spanten
B Beplankung
C L-förmige, zusammengeklebte Halterung

Auch sie wird von Spant zu Spant verklebt. Wenn Sie ein Blankholz-Modell oder ein Handelsschiffs-Modell bauen, sollten Sie die Geschützhalterung mit dunkelbrauner Plaka-Farbe deckend bemalen. Bauen Sie ein Kriegsschiffs-Modell und möchten Sie dieses originalgetreu farbig gestalten, müssen Sie den Kanonenträger blutrot bemalen. Diese Arbeit sollten Sie jetzt vornehmen, später kommen Sie vielleicht nur noch sehr schwer an diese Stellen. Der Bau des Rumpfgerippes ist nun soweit abgeschlossen.

Die Beplankungsarbeit

Beginnen wir nun mit der Beplankungsarbeit. Eine Investition, zu der ich Ihnen nur raten kann, ist die Anschaffung einer kleinen Plankenbiegemaschine. Diese gibt es in verschiedenen Ausführungen. Entweder als Plastikplatte, auf der 2 Räder neben einem gerundeten Stück plaziert sind, oder ein Einsatzstück, meist halbellipsenförmig, für einen Lötkolben. Bei letzterem müssen Sie sich auch einen kleinen Lötkolben zulegen, der dazu paßt, aber einen Lötkolben können Sie als Modellbauer ja immer brauchen. Wenn Sie derlei Ausgaben scheuen, können Sie die vorher gründlich gewässerten Leisten auch über einer Kerzenflamme biegen. Ich jedenfalls empfehle Ihnen die Anschaffung einer Biegemaschine. Für ca. 20,– DM ist sie im Fachhandel zu haben.

Sehen Sie sich nun die beiliegenden Leisten Ihres Baukastens an. Für die erste Beplankung ist meist Linden- oder Abachiholz beigelegt. Jeder gute Modellbauer bringt auf seinem Modell zwei Plankenschichten auf. Sie haben so zwar die doppelte Arbeit, haben aber die Möglichkeit, im Anschluß an die erste Beplankung den Rumpf nochmals leicht zu korrigieren.

Stellen Sie nun die Leisten der ersten Beplankung etwa 3 bis 4 Stunden in heißes Wasser. Wenn das Wasser zwischenzeitlich abkühlt, sollten Sie nach Möglichkeit immer wieder heißes Wasser nachgießen. Die Leisten sollten etwa bis zur Hälfte ihrer Länge im heißen Wasser stehen. Ein Putzeimer wäre hier wohl das richtige Gefäß.

Stellen Sie nun anhand eines Leistenstückes Ihre Biegemaschine ein und drehen oder ziehen Sie die Leisten durch diese. Sie sehen, die Leisten haben nun die gerundete Form, wie wir sie für den Bug brauchen. Da aber der Effekt beim Trocknen verlorengehen würde, müssen wir die Leisten während des Trocknens aufspannen.

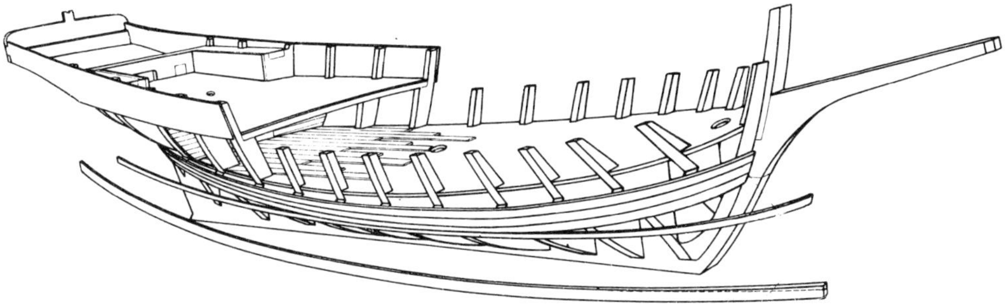

Das Anbringen der ersten Beplankungsschicht bei der französischen Schebecke „Trois Lis“

Am zweckmäßigsten sind hier leere Konservendosen, denen man den Boden abschneidet. Mit unseren Holzwäscheklammern werden die Leisten nun an der Konservendose festgespannt. Etwa 4 Leisten können Sie auf einmal zusammenspannen auf jeder Seite der Dose. Sie sollten sich also einige Dosen und ein paar zusätzliche Wäscheklammern beschaffen. Dies dürfte kein Problem darstellen. Lassen Sie die aufgespannten Leisten nun über Nacht trocknen. Am nächsten Tag werden Sie sehen, daß diese ihre runde Form beibehalten haben. Hat Ihr Modell ein rundes Heck, müssen Sie das Ganze auf der anderen Seite der Leisten wiederholen. Dies ist zwar zunächst lästig, muß aber unbedingt sein.

Wenn Sie die Leisten so für die Montage vorbereitet haben, verkleben Sie die erste in der Höhe des Hauptdecks. Die Leisten können bei einem Spiegelheck ruhig etwas über den Spiegelrand hinausstehen. Dieser Überschuß kann später leicht mit dem Bastlermesser

Der Rumpf der „Victory“ im Bau. Die Erstbeplankung ist schon teilweise angebracht (Modell des Verfassers)

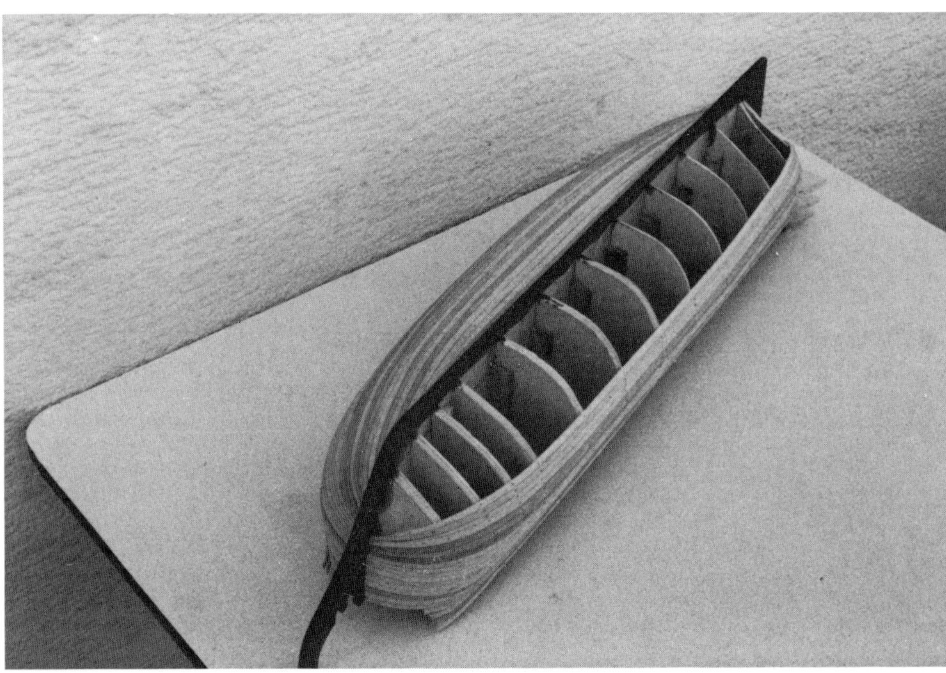

entfernt werden, wenn der Leim getrocknet ist. Bei einem runden Heck allerdings müssen die Leisten in der Länge genau passen.

Die Leisten sollten mit größeren Stecknadeln oder Deko-Stiften an den Spanten befestigt werden. Schlagen Sie die Stifte nur so weit ein, daß sie nach dem Trocknen wieder problemlos entfernt werden können, und wischen Sie überquellenden Leim sofort wieder ab. Nehmen Sie nach Möglichkeit keinen Holzleim mit zu schneller Trocknungszeit, damit Sie sich Zeit lassen können.

Die zweite Leiste wird, genauso wie die erste, an der gegenüberliegenden Seite in gleicher Höhe angebracht. Gewöhnen Sie sich an, die Leisten immer abwechselnd rechts und links anzubringen. Damit ist gewährleistet, daß sich der Rumpf nicht einseitig verzieht.

Da die Rümpfe von Schiffen an Bug und Heck schmäler zulaufen, müssen Sie, um eine überall gleiche Plankenanzahl zu erhalten, die Leisten an Bug und Heckpartie verjüngen. Wenn Sie die zweite Leiste nun an die erste anlegen, werden Sie feststellen, daß sie sich bug- und heckwärts etwas *über* die erste legt, um nicht unter Spannung zu stehen. Schneiden Sie das überstehende Leistenteil ab, und kontrollieren Sie den Verlauf. Geringfügige Toleranzen fallen bei der ersten Beplankung nicht ins Gewicht. Arbeiten Sie aber trotzdem so sauber wie möglich.

Wenn Sie die zweite Leiste verkleben, achten Sie darauf, daß auch die Schmalseite, die unmittelbar an die erste Leiste stößt, mit Leim bestrichen wird. Das gibt zusätzliche Festigkeit. Entfernen Sie übertretenden Leim sofort.

Und nun fahren Sie mit Ihrer Beplankungsarbeit abwechslungsweise von einer Seite zur anderen in Richtung Kiel fort, und schneiden Sie immer das jeweilige sich über die vorige Leiste schiebende Teil weg. Achten Sie immer auf die natürliche Biegungsmöglichkeit der Leiste.

Wenn Sie die Arbeit des Beplankens bis zum Kiel fertiggestellt haben, müssen Sie noch die restlichen Plankengänge des Schanzkleides bis in Höhe der Spantenenden anbringen. Verlassen Sie sich aber nicht allzusehr auf die vorgeschnittenen Spanten, und prüfen Sie, ob der Sprung (die Biegung) des Schanzkleides am Modell mit der des Bauplans gleich ist. Geben Sie auch hier auf die Schmalseiten der Leisten Leim. Wenn Sie sauber gearbeitet haben und Sie nun ein Lineal quer über den Rumpf legen, sehen Sie, ob die rechte und die linke Seite gleich sind.

Sollten die Spantenabstände Ihres Modells etwas größer sein, ist es oft sinnvoll, zusätzliche Leistchen auf die Innenseite der Beplankung zu kleben, um der Beplankung etwas festeren Halt und Schutz vor Durchbiegen zu geben. Sie können auch Streifen einer Mullbinde verwenden, die Sie zuvor gut mit Klebstoff bestrichen haben und dann zwischen die Spanten auf die Beplankung geben. Auf die Mullbinde sollten Sie dann nach der Klebung nochmals eine Schicht Holzkleber aufstreichen.

Schleifen Sie nun den Rumpf mit grobem Schleifpapier (etwa Körnung 50) ab. Dabei verschwinden auch die Leimzacken, die nach Entfernung der Feststeckstifte um diese zurückblieben.

Sollte Ihr Rumpf noch einige größere Spalte durch unsaubere Beplankungsarbeit aufweisen, können Sie diese mit kleinen Stückchen (Leistenreste) ausflicken. Größere Spalte eignen sich nicht zum Ausspachteln! Wenn Sie Ihren Rumpf danach schräg gegen das Licht halten, werden Sie feststellen, daß noch einige (hoffentlich) kleinere Dellen und Ausbuchtungen vorhanden sind, die Sie unbedingt egalisieren müssen. Als Spachtelmaterial eignet sich hierfür sehr gut Holzkitt, der von vielen Herstellern in verschiedenen Farbtönungen angeboten wird. Welche Hozfarbe Sie nehmen, ist völlig ohne Belang, da später doch alles durch die zweite Beplankungsschicht verdeckt wird.

Zeichnen Sie nun mit einem Bleistift die Dellen am gegen das Licht gehaltenen Rumpf auf. Vergessen Sie auch nicht die Markierung der restlichen kleinen Spalte.

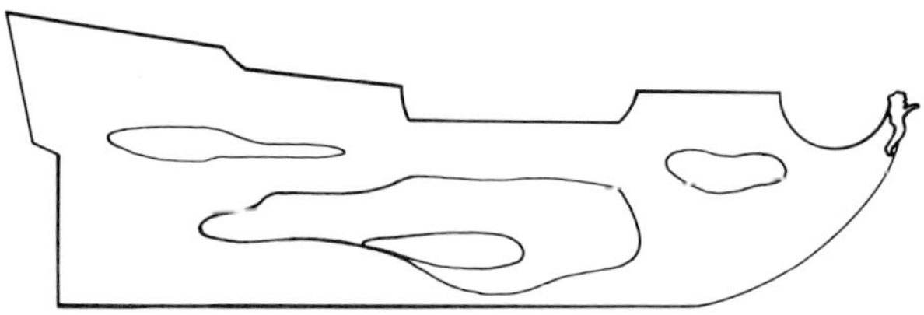

So werden Dellen und Unebenheiten am Rumpf markiert, um nach der Verspachtelung zu einer einheitlichen Oberfläche zu kommen

Nun spachteln Sie die so markierten Stellen. Nach dem Trocknen schleifen Sie wieder. Fallen Ihnen noch etwaige Ungenauigkeiten auf? Dann zeichnen und spachteln Sie nochmals! Gehen Sie hier sehr gründlich vor, denn die später aufliegende Zweitbeplankung gibt den Ausschlag für den Wert Ihres Modells! Schleifen Sie mit immer feinerem Schleifpapier den Rumpf mehrmals ab, bis er eine völlig glatte, in sich geschlossene Oberfläche ergibt.

Der mit Holzkitt verspachtelte Rumpf der „Victory"

Danach können Sie, wenn Sie ein Blankholzmodell bauen, das sichtbare Kielteil mit Nußbaumbeize einfärben. Nun kann das Unterdeck Ihres Schiffes verklebt werden, sofern Ihr Schiff über ein solches verfügt. Paßt das beigelegte Deck nicht ganz (was meist vorkommt), müssen Sie die entsprechenden Spantschlitze des Decks etwas erweitern.

Danach – sollte Ihr Modell, wie bereits gesagt, ein sichtbares Unterdeck haben – müssen Sie das Deck mit den dem Baukasten beigelegten Leisten beplanken. Oft sind bei vielen Modellen die Planken hierfür zu breit. Als kleine Richtschnur die Original-Plankenbreite der einzelnen Epochen:

Vor dem 16. Jahrhundert.	30–45 cm
Im 17. Jahrhundert	20–40 cm
Im 18. Jahrhundert	20–36 cm
1. Hälfte 19. Jahrhundert	15–20 cm
Nach Mitte 19. Jahrhundert	10–15 cm

Als Material für die Leisten liegt dem Baukasten meist Tanganjikaholz bei. Dieses läßt sich für diesen Zweck sehr gut verwenden. Es müssen auf jeden Fall sehr helle Leisten sein.

Die einzelnen Spantstützen müssen, wenn sie im Unterdeck sichtbar sind, möglichst vor dem Planken des Decks bemalt werden. Bei Blankholzmodellen und Modellen von Handelsschiffen sollten Sie dunkelbraune Plaka-Farbe verwenden, bei originalfarbig gestalteten Modellen von Kriegsschiffen verwenden Sie, wie schon zuvor bei den Kanonenträgern, blutrot. Auch die Bordwände im Unterdeck sollten so bemalt werden.

Die Fugen der Planken waren mit Teer und Werg abgedichtet. Das müssen Sie natürlich auch auf Ihrem Modell darstellen. Außerdem waren sie gegeneinander versetzt angebracht. Wie das im einzelnen aussieht, soll Ihnen nachstehende Skizze veranschaulichen:

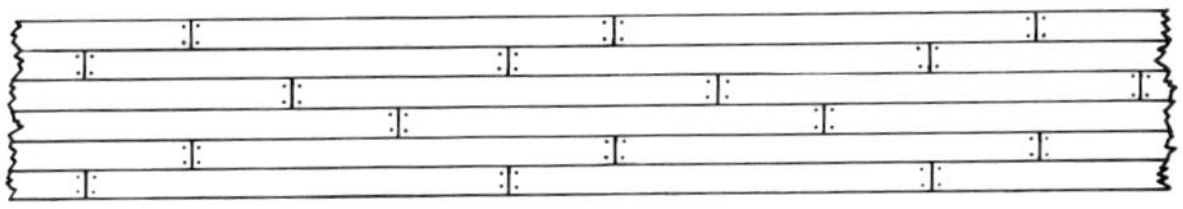

Nach diesem Schema waren im allgemeinen die Decksplanken gestoßen. Nagelköpfe werden ebenfalls mit Bleistiftpunkten dargestellt (nur Maßstab 1:50 und 1:75)

Sie haben zwei Möglichkeiten, den Teer oder die sogenannte Kalfaterung darzustellen: eine einfache und eine etwas unbequemere.

Erste Möglichkeit: Sie kleben die Planken ganz normal mit Holzkleber auf, entfernen den Leimüberschuß und schleifen das Deck glatt. Fahren Sie nun mit einem spitzen Bleistift an den Plankenkanten entlang, und nehmen Sie hierfür eine etwas breitere Leiste als Lineal zu Hilfe. Danach zeichnen Sie die Plankenstöße gemäß der Skizze auf.

Zweite Möglichkeit: Nehmen Sie ein Bündel aus mehreren Leisten zusammen, und bestreichen Sie diese an den Schmalseiten mit schwarzem Nitrolack. Wenn die Leisten aufgeklebt sind und das Deck geschliffen ist, bleibt eine schwarze Fuge sichtbar. Die Plankenstöße können Sie danach mit einem Bleistift anzeichnen, wenn Sie sich nicht die Mühe machen wollen, die Planken alle zuvor schon auf das erforderliche Maß zu schneiden.

Nun sollten Sie den „Wassergang“ anbringen, für den Sie zweckmäßigerweise eine dünne Leiste verwenden und diese in die Ecke kleben, dort, wo Decksplanken und Bordwand zusammentreffen. Stecknadeln halten die Leiste während der Trocknung fest. Eine dünne Schicht von farblosem Mattspray schützt die mit Bleistift gezeichneten Stellen vor dem Verwischen.

Bevor Sie nun mit der zweiten Rumpfbeplankung beginnen, sehen Sie sich die für Ihr Modell vorgesehenen Barkhölzer an. Barkhölzer dienten der Längsversteifung des Rumpfes und schützten diesen bei Anlegemanövern. Die meisten Schiffe hatten dunkel-

Der Wassergang im Unterdeck wird in die Ecke von Bordwand und Decksplanken von Spantstütze zu Spantstütze verklebt

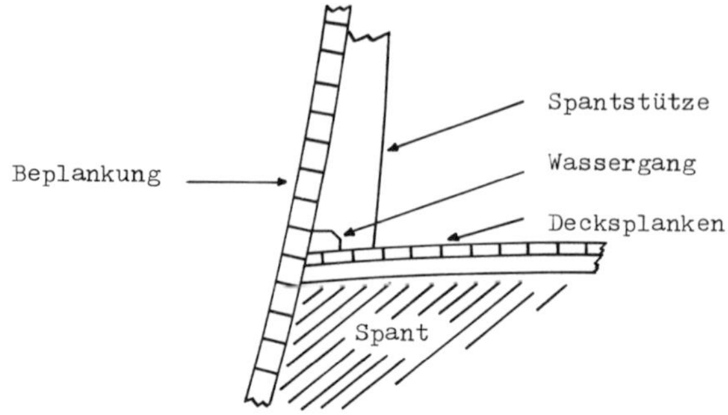

braune, fast schwarze Barkhölzer, und so sollten Sie das auch an Ihrem Modell darstellen, selbst wenn Sie ein Blankholzmodell bauen. In diesem Falle jedoch sollten Sie Beize verwenden, am besten Nußbaum – dunkel.

Die große Tücke der Barkhölzer für den Modellbauer sind deren Biegung. Den Baukästen liegen sie meist als Nußbaumleisten in den Abmessungen 1,5 bis 2 mm Stärke und 4 bis 5 mm Breite bei. Auch hier müssen Sie, wie schon zuvor bei der ersten Beplankungsschicht, die vorgesehenen Leisten längere Zeit im heißen Wasser einweichen. Biegen Sie die Leisten danach in die passende Rundung und spannen sie auf einer Konservendose zum Trocknen auf. Eine andere Möglichkeit wäre das Biegen dieser störrischen Leisten mit Salmiak, den man in Apotheken erhält. Sie sollten sich ein hohes, verschließbares Gefäß beschaffen, in das der Salmiak eingefüllt wird. Die Leisten werden etwa 10 bis 20 Minuten eingeweicht und danach *sofort* gebogen. Mit dieser Methode können Sie selbst störrischsten Leisten zu Leibe rücken. Bitte Vorversuche durchführen! Auch hier werden die Leisten während des Trocknens aufgespannt.

Nach der Trocknung färben Sie die Leisten (außer an der Klebeseite) mit Spiritus-Beize ein und legen sie bis zur Verwendung zur Seite.

Deckansicht der französischen Schebecke „Trois Lis". Deutlich erkennt man die einzelnen Decksplanken und Plankenstöße (Corel-Modell des Verfassers)

Das Aufbringen der zweiten Beplankung

Als zweite Beplankungsschicht liegen den Baukästen meist Leisten in den Abmessungen 0,5 bis 1 mm Stärke, 4 bis 5 mm Breite und der erforderlichen Länge bei. Das Material ist meist Nußbaum- oder Mahagoniholz. Sollten die Leisten eine Stärke bis 0,6 mm haben, können Sie sich das Vorbiegen mit heißem Wasser sparen. Sind sie jedoch 1 mm stark, kommt man um das Vorbiegen nicht herum.

Die Arbeit, die Sie nun vor sich haben, entscheidet maßgeblich über den Wert Ihres Modells. Murks an der Zweitbeplankung kann durch nichts wieder gutgemacht werden!

Wenn Sie beim Vorbiegen der zweiten Beplankung erhebliche Schwierigkeiten haben oder wenn Ihnen bereits etliche Leisten gebrochen sind, rate ich, den Weg ins Fachgeschäft nicht zu scheuen und sich dort 0,5- bis 0,6-mm-Leisten in der erforderlichen Anzahl zu kaufen. Das kann Sie zwar im Moment etwa 30,– DM (je nach Größe des Modells) kosten, die sich aber am Schluß Ihrer Arbeit voll auszahlen.

Beginnen Sie bei der Zweitbeplankung ebenfalls in Höhe des Hauptdecks. Zu dieser Arbeit benötigt man einen Kontaktkleber (Pattex, UHU-Grenit). Legen Sie die erste Leiste an die vorgesehene Stelle, und markieren Sie durch Entlangfahren mit einem Bleistift an der Leistenkante deren genaue Lage. Sie müssen genau der Linie des Hauptdecks folgen (in der Regel also beim Achterschiff etwas erhöht!).

Schneiden Sie die Leiste *genauestens* zu. Da Sie kein Tintenfisch mit acht Armen sind, somit also die Leiste nicht vom Bug bis zum Heck genau halten können, helfen Ihnen „Anlagemarken", die Sie mit Bleistift auf die Leiste und gleichzeitig am selben Platz auf die Unterbeplankung zeichnen. So sind Sie vor bösen Überraschungen sicher, das heißt, die Leiste wird nicht versehentlich zu kurz oder zu lang abgeschnitten, was ja besonders bei einem Rundheck von ausschlaggebender Wichtigkeit ist. Bei einem Spiegelheck ist dies alles nicht so von Belang, da eine eventuelle Überlänge ja nach dem Planken problemlos abzuschneiden ist.

Danach streichen Sie den Rumpf und die Beplankungsleiste mit dem Kontaktkleber gleichmäßig ein, und lassen Sie beide Teile etwa 1 bis 2 Minuten antrocknen. Befestigen Sie dann die erste Beplankungsleiste in der richtigen Position. Die Leiste sollte gleich an der richtigen Stelle sitzen, denn es könnte sein, daß sich beim mehrmaligen Hin- und Herschieben der Holzkitt anlöst und aufbricht. Sie werden feststellen, daß der Kontaktkleber auf Anhieb sehr gut hält und ein weiteres Feststecken oder Fixieren der dünnen Beplankung entfallen kann. Wickeln Sie um einen stumpfen Gegenstand (Hammerstielende, Messergriff usw.) einen nicht fusselnden Lappen, und fahren Sie mit mäßigem Druck nochmals auf der Leiste entlang. Das verbessert die Klebekraft.

Die zweite Leiste wird nun an der gegenüberliegenden Seite genauso befestigt. Auch hier ist es immens wichtig, abwechselnd links und rechts zu arbeiten, weniger wegen des Verziehens wie bei der ersten Beplankung, sondern damit der Plankenverlauf auf der rechten wie linken Seite völlig gleich ist. Sie haben jetzt die Möglichkeit, auf zwei Arten Ihre Außenbeplankung fertigzustellen.

Die erste Möglichkeit scheint mir für Anfänger und Fortgeschrittene die einfachste zu sein. Wie bereits bei der ersten Beplankung werden Sie feststellen, daß sich die jeweils nachfolgende Leiste an den Bug- und Heckenden etwas *über* die bereits verklebte Leiste legt, um nicht unter Spannung zu stehen. Halten Sie die Leiste in dieser Stellung fest, und fahren Sie mit einem Bleistift an der oberen Leistenkante entlang. Das so angezeichnete Stück muß nun mit einem scharfen Messer von der bereits *zuvor* verklebten Leiste entfernt werden.

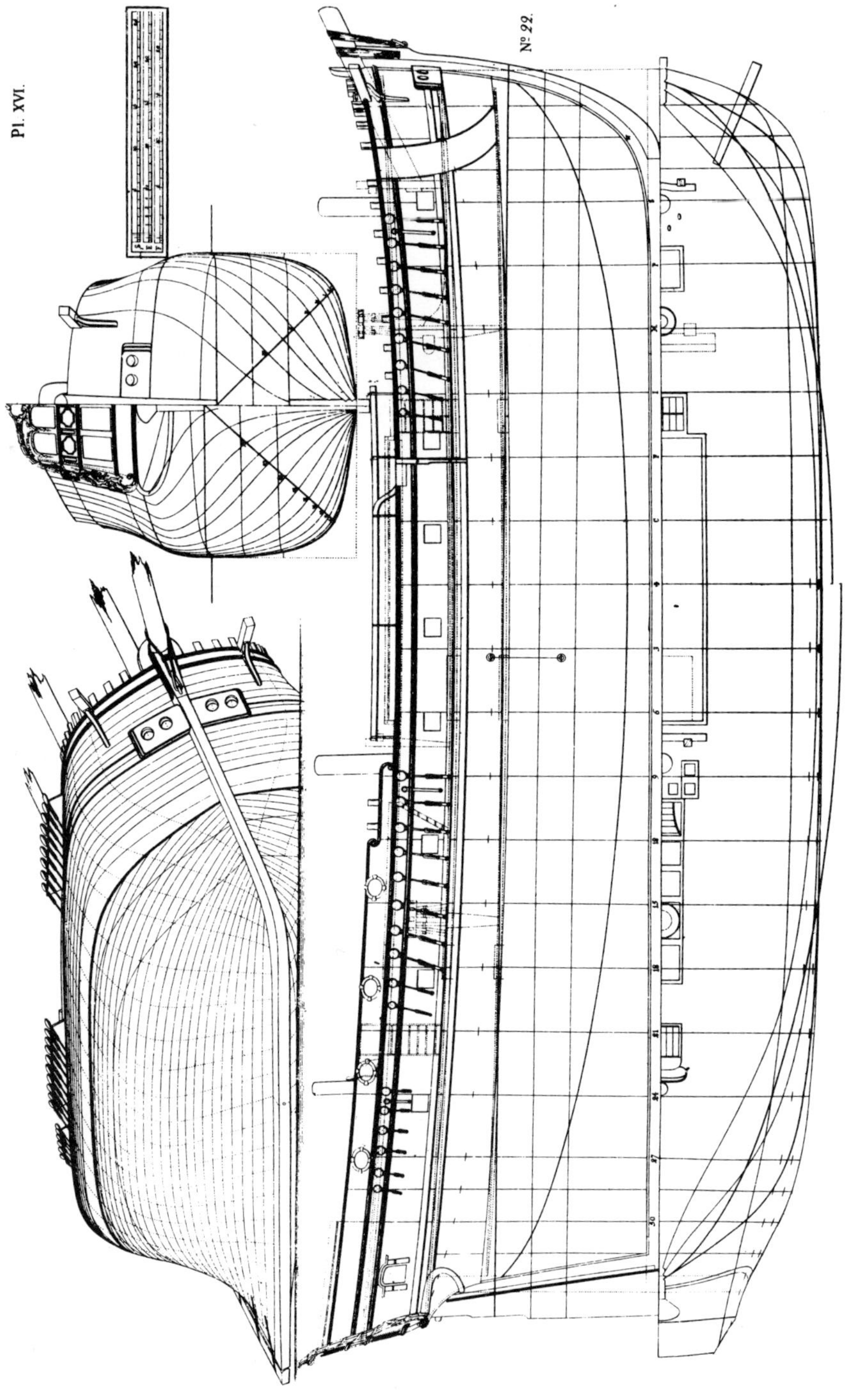

Linien-/Spanten-/Seitenriß einer Bark. Auf der oberen, linken Zeichnung kann man erkennen, daß die Beplankung am Bug bis zum untersten, breiten Barkholz in nahezu der gleichen Breite verläuft. Aus: „Architectura Navalis mercatoria“, Stockholm 1768

Achten Sie darauf, nach wievielen Plankengängen Barkhölzer in die Beplankung eingesetzt werden müssen und ob die Planken bis zu diesen Stellen eventuell ohne Verschmälerung verlaufen. Genaue Auskunft kann Ihnen nur der Bauplan geben.

Die Barkhölzer haben in ihrem gesamten Verlauf die gleiche Breite. Sie können die Barkhölzer ohne weiteres ebenfalls mit Kontaktkleber anbringen. Der Klebstoff sollte hier nur etwas länger antrocknen. Nach den Barkhölzern fahren Sie mit Ihrer Beplankung wieder verschmälernd bis zum Kiel fort, d. h., wie zuvor beschrieben, schneiden Sie immer das überstehende Leistenstück der zuvor verklebten Leiste an Bug und Heck ab. In jedem Falle sollten Sie darauf achten, daß die zuvor verklebte Leiste mindestens $^{1}/_{3}$ ihrer ursprünglichen Breite behält, daß sie wie eine wirkliche Planke und nicht wie ein Zahnstocher aussieht.

Sie dürfen keinesfalls den Fehler begehen, das Modell vom Kiel her auszuflicken, wenn Sie merken, daß die Biegung am Bug im Unterwasserbereich für die Leisten zu stark wäre und diese sich dadurch an den Seiten hochwölben. Sie würden damit Ihr ganzes Modell schlimm verunstalten! Arbeiten Sie hier lieber mit verschmälernden Butten, wie sie auf der nachfolgenden Skizze zu sehen sind.

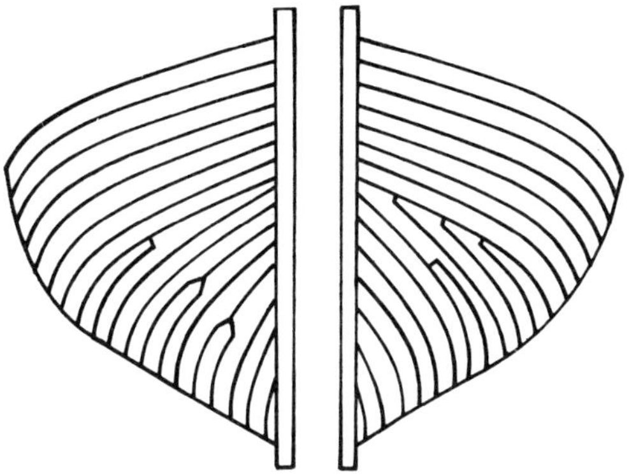

Verschmälernde Butten am Bug. Links ist die Methode bei Schiffen englischer, rechts holländischer Bauart gezeigt

Die zweite Möglichkeit ist zwar etwas zeitraubender, dafür aber wesentlich korrekter und auch übersichtlicher. Die Beplankung wird bis zum untersten Barkholz nach der obigen Methode ausgeführt, was ja deshalb kein Problem darstellt, da die Leisten an Bug bzw. Heck sich nur gering oder überhaupt nicht verschmälern.

Nach dem Barkholz allerdings beginnt die starke Rundung von Bug bzw. Heck, und hier wird es dann etwas kritischer. Hier mißt man nun die Länge am Hauptspant von der unteren Kante des Barkholzes bis zum Kiel. Dasselbe tun Sie am Bug, am Heck und an zwei Spanten jeweils dazwischen. Wenn Sie diese ermittelten Längen nun durch die Anzahl der am Hauptspant Platz findenden Leisten teilen, erhalten Sie die genaue Plankenbreite am jeweiligen Spant.

Sie können jetzt die so markierten Punkte mit einer biegsamen Leiste als Lineal verbinden und haben so einen guten optischen Überblick über den Beplankungsverlauf. Die Beplankungsleisten können dann nach diesen Maßen zugeschnitten werden. Sollte sich hier aber ein unnatürlich spitzer Plankenzulauf zum Bug ergeben, arbeiten Sie ebenfalls mit verschmälernden Butten (siehe Abb. oben).

Bei beiden Beplankungsmethoden kommt es zum Auseinanderklaffen der Beplankungsleisten am Heckteil des Schiffes. Hier müssen kleine, dreieckig zugeschnittene Leistenteilchen, die verbreiternden Butten, eingesetzt werden.

Verbreiternde Butten am Heck. Beim Auseinanderklaffen der Beplankungsleisten am Heck Ihres Modells setzen Sie kleine dreieckige Leistenteilchen, die verbreiternden Butten, ein. Achten Sie auf das völlig identische Bild der Backbord- und Steuerbordseite!

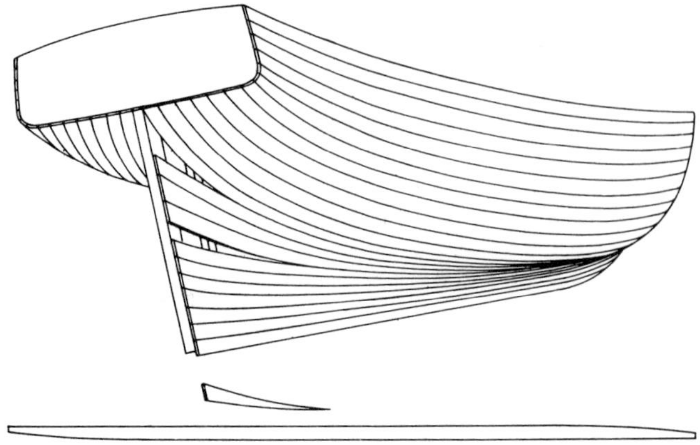

Während der Beplankungsarbeit herausgetretener oder auf der Beplankung verschmierter Kontaktkleber braucht Sie nicht groß zu beunruhigen. Wenn die Beplankung fertiggestellt ist, kann er mühelos mit einem mit Nitroverdünnung getränkten Lappen beseitigt werden.

Heckteil der schwedischen „Wasa" 1628. Im Bereich der oberen Seitentasche und des Besanrüstbrettes kann man die Klinkerbeplankung (sich überlappende Plankenanordnung) erkennen (Corel-Modell des Verfassers)

Nun müssen Sie die Schanzkleider Ihres Modells beplanken. Die Schanzkleider sind die Rumpfteile über dem Hauptdeck bis zur Reling. Bei holländischen, dänischen, schwedischen und deutschen Schiffen waren diese Teile oft klinkerbeplankt, das heißt, die obere Planke überlappte jeweils die untere. Genaue Aufschlüsse kann Ihnen hier Ihr Bauplan oder ein Buch über Schiffstypen jener Epoche und des betreffenden Landes geben. Auch wenn das Schanzkleid auf diese Art und Weise ausgeführt sein sollte, können Sie diese Arbeit mit Kontaktkleber vornehmen. Ansonsten wird die Beplankung normal bis zur Reling fortgeführt.

Die Heckbeplankung

Bis ins späte 15. Jahrhundert hatten die Schiffe ein rundes, völliges Heck. Danach setzte sich der flache Heckspiegel durch, der auch einen flachen Unterspiegel hatte. Dieser wurde etwa ab 1630 wieder leicht rund und lief in den flachen Heckspiegel ein (England). Andere Nationen folgten diesem Beispiel etwa um 1725. Genaue Aufschlüsse kann Ihnen nur Ihr Bauplan geben. Bei einem flachen Unterspiegel müssen die Planken in einem Winkel von etwa 40 Grad angebracht werden. Die Ausführung des Oberspiegels wird später genauer beschrieben.

Die Außenhaut Ihres Schiffsmodells ist nun soweit fertiggestellt. Überprüfen Sie nun, ob noch kleinere Unstimmigkeiten vorhanden sind, die Sie jetzt beseitigen sollten. Kleinere Rißchen in der Beplankung oder die kritische Stelle zwischen Kiel und Plankenbeginn können nun mit Holzkitt in der entsprechenden Farbe egalisiert werden. Wenn Sie genau gearbeitet haben, müssen Sie hier nicht allzuviel tun. Für Nußbaum-Oberbeplankung empfiehlt sich Holzkitt in der Farbe Nußbaum – dunkel, für Mahagoni Holzkitt in diesem Ton.

Der Rumpf wird nun mit feinem Schmirgelpapier verschliffen, bis er völlig glatt und ebenmäßig ist. Denken Sie aber daran, daß die Zweitbeplankung sehr dünn ist und Sie deshalb schon etwas aufpassen sollten. Jetzt noch verbliebene Klebstoffreste werden mit einem Nitrolappen, wie zuvor beschrieben, entfernt.

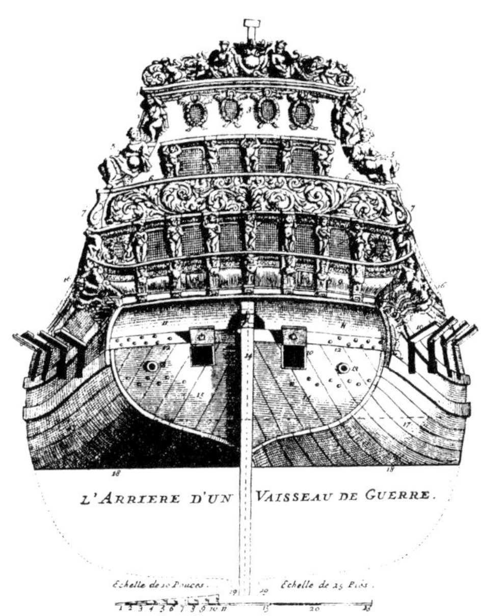

Heckansicht eines Kriegsschiffes des 17. Jahrhunderts. Deutlich sieht man die diagonal verlaufende Heckbeplankung des Unterspiegels

Hamburgisches Konvoi-Schiff „Wappen von Hamburg" – 1680. Auch hier ist die diagonale Beplankung des Unterspiegels auffällig

Der Modellständer

Merkwürdigerweise stehen die imposantesten Modelle oft auf häßlichen Ständern, was den Gesamteindruck empfindlich stört. Aus dem Bauplan im Spantenriß oder einem separat beigelegten Blatt mit aufgezeichneten Spanten geht hervor, wie Sie Ihren Modellständer passend ausschneiden können.

Sie müssen zu den Umrissen des entsprechenden Spantes, unter dem der Ständer das Modell faßt, die Breite der beiden Beplankungsschichten dazurechnen. Man sollte auch berücksichtigen, daß zwischen der Kielaufnahme und dem Fuß des Ständers bzw. zwischen dem Grundbrett wegen der besseren optischen Wirkung etwa 4 cm Freiraum verbleiben muß.

Sägen Sie jeweils ein Teil für die Bug- und Heckaufnahme aus etwa 5 mm starkem Sperrholz aus, und färben Sie diese Teile mit Beize ein. Die Teile sollten auf einem schönen Brett von etwa 1 cm Stärke, der Breite des Rumpfes und etwa $^4/_5$ der Kiellänge befestigt werden. Zumindest aber sollten die Aufnahmeteile mit zwei Rundstäben verbunden werden, damit eine ordentliche Befestigung gegeben ist. In die Rundung der Aufnahmeteile können Sie kleine dünne Leder- oder Gummistreifchen kleben, die ebenfalls braun oder schwarz sein sollten. So wird auch die dünne Außenbeplankung beim weiteren Bau geschützt.

Wenn kein Namensschild für das Modell im Kasten liegt, können Sie dieses aus einem dünnen Holzplättchen leicht selbst schneiden und entsprechend beizen. Nach der Lakkierung kann die Schrift mit Goldfarbe aufgemalt werden. Wenn Sie sich einen schön geschwungenen Schriftzug nicht recht zutrauen, können Sie auch im Fachhandel für Zeichenbedarf sogenannte „Letraset"-Buchstaben kaufen und aufreiben. Diese gibt es u.a. in Goldfarbe und mit Ornamenten zur Verzierung.

Die Stückpforten

Hat Ihr Modell im Unterdeck Geschütze, sollten Sie jetzt das Ausschneiden der Stückpforten vornehmen. Sie müssen nun unbedingt deren genaue Lage anhand des Bauplans ermitteln. Legen Sie dazu ein dünnes, durchscheinendes Papier, das Sie bei einem größeren Rumpf auch aus mehreren Stücken zusammenkleben können, auf den Bauplan, und zeichnen Sie die Umrisse des Rumpfes oder die Lage einzelner Spanten als Orientierungspunkte ein. Danach zeichnen Sie die Stückpforten auf Ihre Schablone ein und schneiden die Öffnungen genau aus. Am besten verwendet man hierzu eine scharfe Klinge, um gerade Schnitte zu bekommen. Schneiden Sie danach die Schablone gesamt aus, und befestigen Sie diese am Rumpf. Achten Sie auf die Spanten als Orientierungspunkte.

Mit einem Bleistift können die Stückpfortenöffnungen nun auf den Rumpf gezeichnet werden. Zum Ausschneiden sollten Sie ein sehr scharfes Messer benützen und mehrmals vorsichtig immer tiefer schneiden, bis die Wandung durchbrochen ist. Sie können auch in die vier Ecken der Stückpforte kleine Löcher bohren und mit einem in den Griff des Bastlermessers gespannten, kurz abgebrochenen Sägeblatt das Teil aussägen. Wie Sie auch vorgehen wollen, üben Sie keinesfalls starken Druck auf die Bordwand aus, damit sie nicht einbricht.

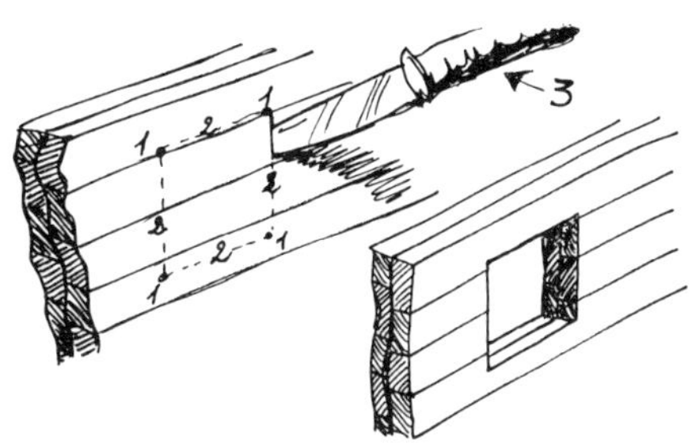

Das Ausschneiden der Geschützpforten muß sehr vorsichtig vorgenommen werden, damit die Bordwand nicht splittert oder gar einbricht

Wenn Sie alle Stückpforten ausgeschnitten haben, müssen die Ränder geglättet werden. Benützen Sie hierzu eine sehr feine Feile, damit die dünne Oberbeplankung nicht an den Seiten aufsplittert. Sehr hilfreich kann es auch sein, wenn Sie auf Leistenstückchen schmale Streifen von feinerem Schleifpapier aufkleben und dann diese Hilfswerkzeuge zum Egalisieren benützen.

Hinter die Stückpfortenöffnungen können Sie kleine, dünne, leicht überstehende Leistenstückchen allseitig ankleben. Diese sogenannten Trempelrahmen dienten beim Originalschiff zur Auflage des Pfortendeckels. Achten Sie beim Ankleben vor allen Dingen auf die eventuelle Rundung des Schiffskörpers. Die Wandung der Stückpfortenöffnung und die Trempelrahmen bemalen Sie wieder entweder dunkelbraun oder blutrot. Wischen Sie eventuell versehentlich auf die Beplankung gekommene Farbe sofort ab oder schleifen Sie diese nach dem Trocknen vorsichtig weg.

Es wäre unklug, jetzt schon die Geschütze in das Unterdeck einzubauen oder sogar die Pfortendeckel anzubringen, da diese Teile im Verlauf der weiteren Arbeit sicher abgerissen werden würden oder zumindest sehr behindern. Sie können aber jetzt ohne weiteres die Pfortendeckel herstellen und bis zur späteren Verwendung dann zur Seite legen.

Verschiedene Stückpfortendeckel und Scharniere. Die endgültige Befestigung sollte jedoch erst kurz vor Fertigstellung des Modells erfolgen

Die Stückpfortendeckel fertigen Sie aus sehr dünnem Sperrholz an und beplanken es danach mit den Leisten der Oberbeplankung. Sie können danach die Stückpfortenscharniere auf dem Deckel befestigen. Diese liegen entweder dem Baukasten fertig bei oder sind im Fachhandel zu beziehen. Achten Sie jedoch auf die Ausführung, denn die Art der Pfortenscharniere war in den verschiedenen Jahrhunderten und Ländern verschieden. Sie können auch bereits die Löcher vorbohren, die später zur Aufnahme des Taues dienen, mit dessen Hilfe die Stückpfortendeckel früher geöffnet bzw. geschlossen wurden. Ob für jeden Deckel ein oder zwei Taue erforderlich sind, geht aus Ihrem Bauplan hervor.

Die Fender

Vor allem Schiffe des Mittelalters hatten an den Seiten der Bordwände sogenannte Fender, die den Schiffsrumpf neben den Barkhölzern vor Beschädigung beim Anlegen oder bei Entermanövern schützen sollten. Wenn die Fender auch im Verlauf der Zeit immer bedeutungsloser wurden, dienten sie jedoch lange Zeit zum Schutz der Bordwand beim Zuwasserbringen der Beiboote.

Die Fender fertigen Sie aus Leisten an. Wichtig ist hier lediglich das Anpassen dieser Leisten an die Rundung des Schiffsrumpfes. Verkleben Sie diese Teile erst, wenn sie genau passen, ansonsten bleiben unschöne Spalte am Rumpf zurück.

Anfertigung der Fender am Beispiel der „Victory“

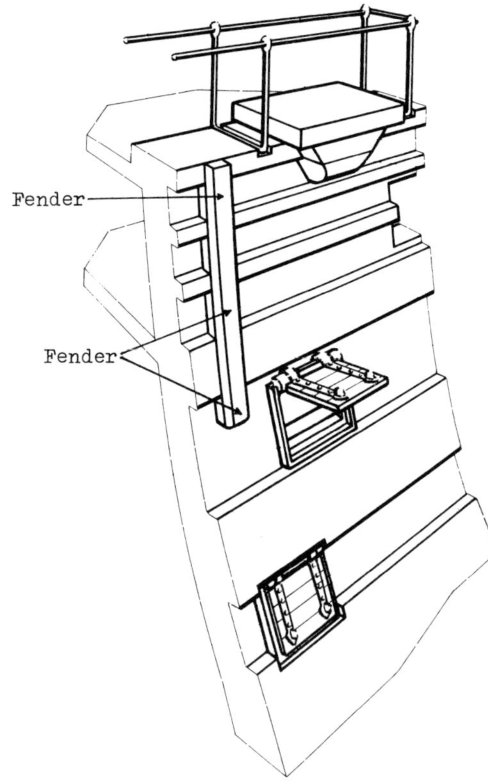

Im 15. Jahrhundert waren die Fender an den Bordwänden besonders stark ausgeprägt, wie man sehr schön am im Bau befindlichen Modell der „Santa Maria“ sehen kann

Die Farben des Schiffsrumpfes

Wenn Sie Ihr Modell originalgetreu mit Farben gestalten wollen, müssen Sie zunächst die Konstruktionswasserlinie ermitteln. Bis zu dieser Linie war, vereinfacht ausgedrückt, der Rumpf in das Wasser eingetaucht. Deshalb wurde er auch im Laufe der Jahrhunderte unterschiedlich vor Bewuchs und Schiffsbohrwürmern geschützt.

Stellen Sie Ihren Modellrumpf gerade auf die Bauhelling. Nehmen Sie nun die Konstruktionswasserlinie von Ihrem Bauplan ab und fertigen Sie sich ein Holzklötzchen, auf dem ein Bleistift befestigt wird. Die Höhe des Holzklötzchens mit dem Bleistift soll genau der Lage der Konstruktionswasserlinie entsprechen. Fahren Sie nun um den ganzen Rumpf herum. So erhalten Sie an allen Stellen eine einheitliche Linie.

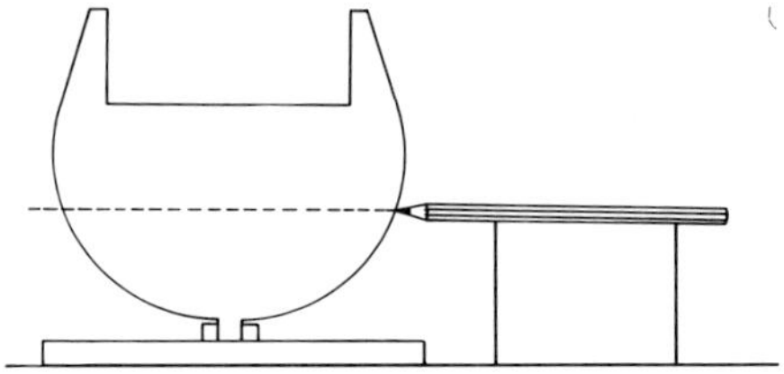

Das Markieren der Konstruktionswasserlinie. Der auf dem Holzklötzchen befestigte Bleistift wird um das Modell herumgeführt, um eine an allen Stellen einheitliche Linie zu erhalten

Bis zur Mitte des 16. Jahrhunderts bestrich man das Unterwasserschiff mit Holzkohlenteer, was einen tief dunkelbraunen, fast schwarzen Farbton ergab. Nach dieser Zeit bis etwa 1760 verwendete man Bleiweiß, das eine schmutzig-weiße Färbung ergab, oder man vermischte den Holzkohlenteer mit Schwefel. Damit wurde eine grau-gelbliche Färbung erzielt.

Kleben Sie die Konstruktionswasserlinie genau mit Klebeband ab, und bemalen Sie das Unterwasserschiff mit dem entsprechenden Farbton. Verwenden Sie hierzu Plaka-Farben, die Sie zuvor untereinander gemischt haben. Tragen Sie die Farbschicht nicht zu dick auf – je dünner, um so besser. Nach der gründlichen Trocknung ziehen Sie *vorsichtig* das Klebeband ab, damit Sie nicht das dünne Holz der Zweitbeplankung zerstören.

Nehmen Sie nun sehr feine Stahlwolle und schleifen Sie die Farbe soweit wieder ab, daß sie nur noch in der Struktur des Holzes sichtbar bleibt. Damit ist der Unterschied vom Unterwasser- zum Überwasserschiff nicht zu kraß. Sollte Ihnen etwas Farbe unter das Klebeband gelaufen sein, können Sie diese sehr vorsichtig mit einer scharfen Klinge wieder abkratzen.

Um das Jahr 1760 begann man mit der Einführung der Unterwasserkupferung. Für Ihr Modell verwenden Sie dünnste Kupferplättchen, die Sie fertig im Fachgeschäft kaufen können, oder Sie schneiden die Plättchen aus Kupferfolie selbst zu, die es im Baumarkt oder im Eisenwarengeschäft zu kaufen gibt. Die Nagellöcher imitieren Sie am besten mit einem Schnittradler, den man im Handarbeitsgeschäft kaufen kann (vorher auf einem Abfallstück ausprobieren!). Die Kupferplatten überlappten sich jeweils vom Bug zum Heck und von oben nach unten. Deshalb sollten Sie beim Aufbringen in umgekehrter Reihenfolge vorgehen, also vom Heck zum Bug, von unten nach oben.

Zum Aufkleben können Sie Kontaktkleber benützen. Nach dem kompletten Aufkleben muß die Kupferoberfläche gründlich mit feiner Stahlwolle gereinigt und danach sofort mit einem durchsichtigen Spray überzogen werden, denn jeder Fingerabdruck auf dem Kupfer wird durch Oxydation nach ein paar Stunden sichtbar.

Kupferung am Unterwasserrumpf:
1 Kiel (ebenfalls kupfern!)
2 Kupferplattengänge
3 Holzbeplankung

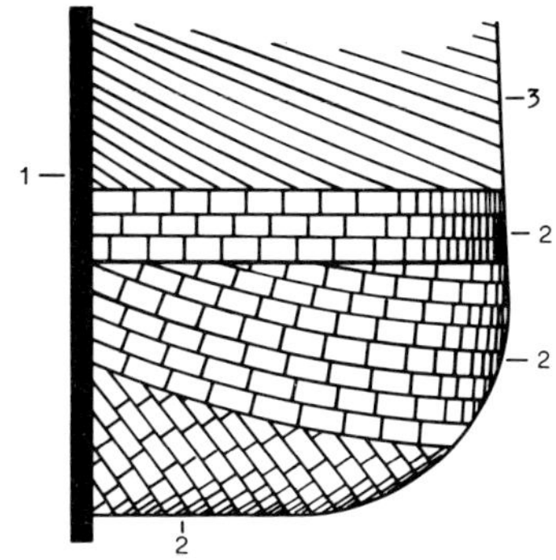

Über der Wasserlinie wurde der Rumpf meist mit einer Mischung aus Terpentin, Wachs und flüssigem Teer bestrichen, was einen warmen, braunen Holzton ergab. Die Barkhölzer und die Rüsten zur Befestigung des stehenden Gutes waren fast schwarz. Schwarz waren auch die Schanzkleider bei englischen Schiffen, teilweise auch dunkelblau, bei französischen Schiffen mittelblau. Die klinkerbeplankten Oberteile an holländischen, dänischen und deutschen Schiffen waren olivgrün, bei schwedischen Schiffen mittelblau. Das Innere der Kriegsschiffrümpfe sowie die Innenseiten der Schanzkleider und die Innenseite der Stückpfortendeckel waren blutrot bemalt. Die Spanten und Regeln des Galions waren dunkelbraun, die Galionsfigur selbst war bunt bemalt, bei holländischen Schiffen war der Galionslöwe komplett dunkelrot bemalt. Das teuere Gold der Verzierungen wurde oft durch gelbe Farbe ersetzt. Die Decksplanken waren naturfarben und wurden durch häufiges Scheuern durch die Mannschaft und durch Witterungseinflüsse gebleicht. Verwenden Sie deshalb an Ihrem Modell nur helle Hölzer. Die Fugen dazwischen waren, wie bereits gesagt, mit Werg und Teer abgedichtet. Dies wird mit einem Bleistift imitiert.

Die richtige Bemalung geht in jedem Fall aus der Beschreibung oder Verpackung Ihres Baukastens hervor oder aus einem Buch über Schiffe des entsprechenden Landes oder Jahrhunderts. Denken Sie aber bei der Bemalungsarbeit an Ihrem Modell an das bereits vorher Erwähnte, und benützen Sie deshalb keine glänzenden Lackfarben, sondern am besten Temperafarben. Die endgültige Schlußlackierung mit einem farblosen Mattspray sollten Sie aber erst nach vollständiger Fertigstellung Ihres Modellrumpfes vornehmen.

Das Oberdeck

Nun können Sie das Oberdeck Ihres Modells anbringen. Es liegt, wie zuvor das eventuelle Unterdeck, als fertiges Teil dem Baukasten bei. Das Oberdeck war etwas nach oben gewölbt, um überkommendes Wasser ablaufen zu lassen.

Jetzt müssen auch die Spantoberteile entfernt werden. Gehen Sie aber nicht mit Gewalt darauf los, sondern ritzen Sie mit einem scharfen Messer die Spantoberteile links und rechts ein, und brechen Sie diese dann mit einer kleinen Flachzange vorsichtig aus.

Genau wie am Unterdeck, bringen Sie auch am Oberdeck die Decksbeplankung an. Sie können beruhigt durchgehende Leisten in der entsprechenden Breite verwenden, da Sie ja die Plankenstöße und die Kalfaterung durch Bleistiftstriche darstellen.

Nun müssen auch die Innenseiten der Schanzkleider beplankt werden. Sie können dafür die gleichen Leisten wie bei der zweiten Außenbeplankung verwenden oder die im Baukasten dafür vorgesehenen Leisten. Danach sollten Sie den Wassergang einkleben, der aus einer angeschrägten rechteckigen Leiste besteht.

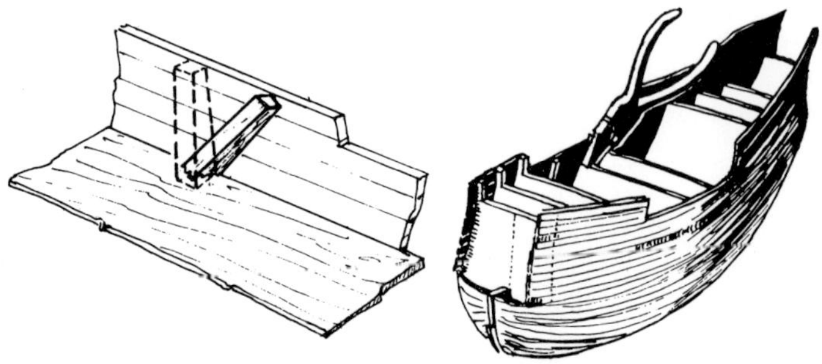

Das Ausbrechen der Spantoberteile. Die Stützteile werden links und rechts vorsichtig eingeschnitten und mit einer Flachzange ausgebrochen. Danach wird diese Stelle zur guten Auflage der Decks- und Schanzkleidbeplankung sorgsam verschliffen

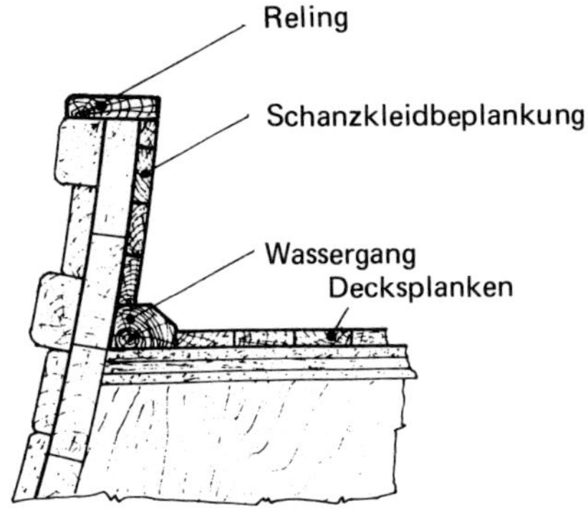

Der Wassergang des Oberdecks

Die Rüsten

Die Rüstbretter dienten zur Befestigung des stehenden Gutes und waren außenbords angebracht. Sie spreizten die Wanten soweit, daß sie nicht die Reling berührten. Die Rüsten waren starke Bretter, die mit Bolzen an der Bordwand befestigt waren. Durch Einschnitte wurden die Püttingeisen der unteren Wantjuffern geführt und an der Bordwand verbolzt. Die Einschnitte wurden auf der ganzen Rüstlänge durch die Rüstleiste abgedeckt. Im Verlauf der Jahrhunderte wurden die Rüstbretter in unterschiedlicher Höhe am Rumpf befestigt. Genaue Aufschlüsse gibt Ihnen hier der Bauplan. Die Rüsten saßen meist auf dem oberen Abschluß eines Barkholzes.

Wenn Sie die Rüsten an Ihrem Modell verkleben, bedenken Sie, daß sie wie im Original, einem erheblichen Zug standhalten müssen. Passen Sie das Rüstbrett genau der Bordwand an, und bringen Sie die Einschnitte für die Püttingeisen der Juffern an. Entfernen Sie einen eventuellen Farbanstrich im Klebebereich. Beizen oder bemalen Sie das Rüstbrett entsprechend, und vergewissern Sie sich, ob die später einzusetzenden Püttingeisen oder Wanten nicht eine Geschützpforte verdecken. Wenn Sie sicher sind, daß alles stimmt, können Sie das Rüstbrett an der Bordwand befestigen. Nehmen Sie hierfür einen schnelltrocknenden Holzleim. Gegebenenfalls können Sie die Rüsten auch mit horizontal durchgehenden Stahlstiften befestigen, was aber erfahrungsgemäß ein sehr schwieriges

Unterfangen darstellt. Was ich nun behaupte, mag zwar historisch gesehen nicht richtig sein, ist aber sehr wirkungsvoll. Kleben Sie einfach eine sehr kleine Vierkantleiste (höchstens 2 mm × 2 mm) *unter* die Ecke, wo Rüsten und Bordwand aufeinandertreffen. Manche Rüsten hatten auch diagonale Abstützungen nach unten oder ein Knie nach oben zur Bordwand hin. Auch hier gibt der Bauplan genaue Aufschlüsse.

Nach dem gründlichen Trocknen würde es nicht schaden, wenn Sie die Zugfestigkeit der Rüsten überprüfen. Üben Sie ruhig einen Zug nach oben aus. Besser, die Rüste bricht jetzt wieder ab als nach der Fertigstellung und Lackierung Ihres Modellrumpfes.

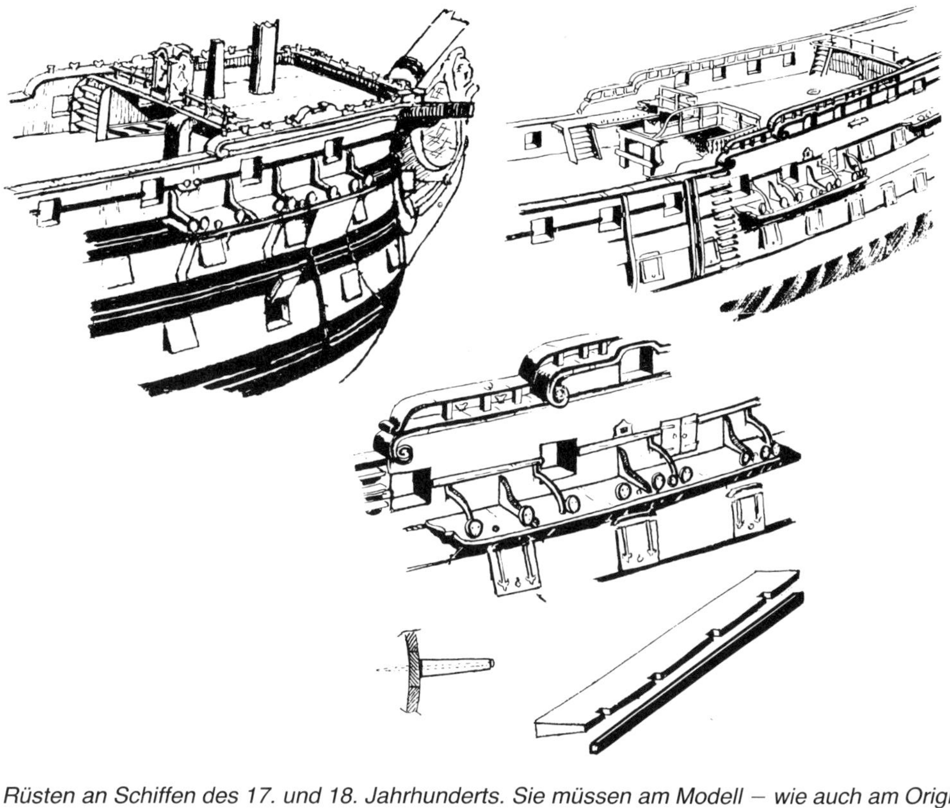

Rüsten an Schiffen des 17. und 18. Jahrhunderts. Sie müssen am Modell – wie auch am Original – einem sehr starken Zug standhalten. Achten Sie daher auf eine ordentliche Befestigung!

Reling und Relingstützen

Nun können Sie auf Ihre Schanzkleidoberteile die Reling aufbringen. An den Längsseiten des Rumpfes ist das keine besondere Affäre. Etwas schwieriger ist es jedoch, wenn der Modellrumpf einen runden Bug oder ein rundes Heck aufweist. Hier können Sie oftmals mit den beigelegten Nußbaumleisten wenig anfangen, da sie oft, bedingt durch ihre Stärke, nur schwer oder gar nicht in die erforderliche Rundung zu biegen sind. Auch hier könnte wieder das Einweichen in Salmiak helfen. Sie können sich aber auch im Modellbaugeschäft sogenannte „Biegeleisten“ aus vorbehandeltem Buchenholz kaufen, die zwar nicht billig sind, aber in fast alle Radien gebogen werden können. Lassen Sie auch diese Leisten einige Zeit in heißem Wasser stehen. Danach biegen Sie die Leisten entsprechend zu. Versehen Sie die Leisten mit der entsprechenden Beize, und kleben Sie die Leiste nach gründlicher Trocknung mit Sekundenkleber auf. Stecknadeln oder dünne Dekostifte halten die Leiste während des Abbindens in der richtigen Position.

Auf vielen, vor allen Dingen barocken Schiffen wurde die Reling von verzierten oder gedrechselten Relingstützen gehalten. Diese liegen entweder dem Baukasten bei oder können im Fachgeschäft bezogen werden. Bei der Vielfalt der angebotenen Muster und Größen dürfte sich eine Selbstherstellung erübrigen.

Achten Sie vor allen Dingen bei stark hochgezogenen Schanzkleidern darauf, daß die Relingstützen dieser Schräge angepaßt werden, also an Kopf- und Fußende entsprechend angeschrägt werden müssen.

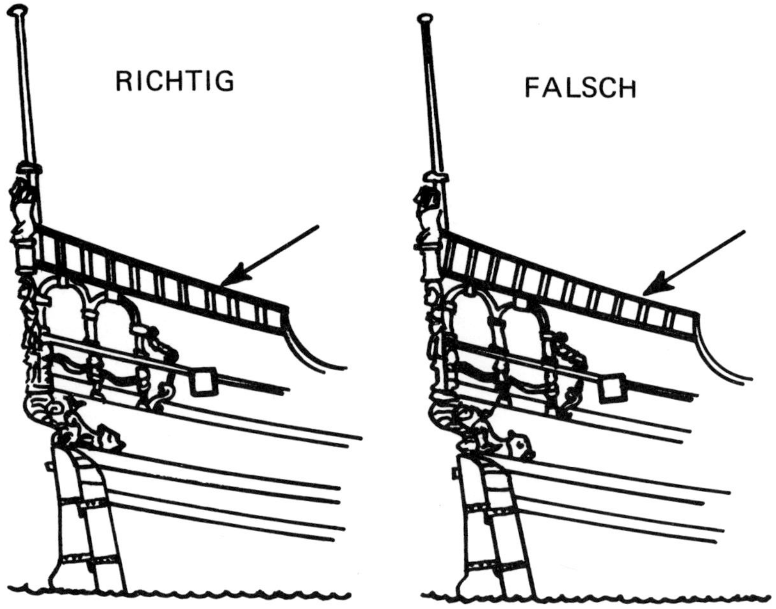

Die Relingstützen müssen auch bei stark hochgezogenen Schanzkleidern stets gerade stehen!

8 Das Galion

Ein wichtiger Bauabschnitt Ihres Modells ist zweifellos das Galion. Auf dieses Teil wie auch auf den Heckspiegel fällt der Blick eines Betrachters in der Regel zuerst, da diese Teile lange Zeit einen Ort reichlicher Ausschmückung darstellten.

Das Galion wandelte sich stark im Laufe der Jahrhunderte. Am Anfang des 17. Jahrhunderts war das Galion weit vorgezogen, lang und relativ gerade, und man kann es als Überbleibsel der Enterkampfzeit ansehen. Ende des 17. Jahrhunderts war das Galion schon wieder zurückgezogen und stärker gerundet, bis um 1830 das Galion schon fast als integrierter Teil des Bugs anzusehen war.

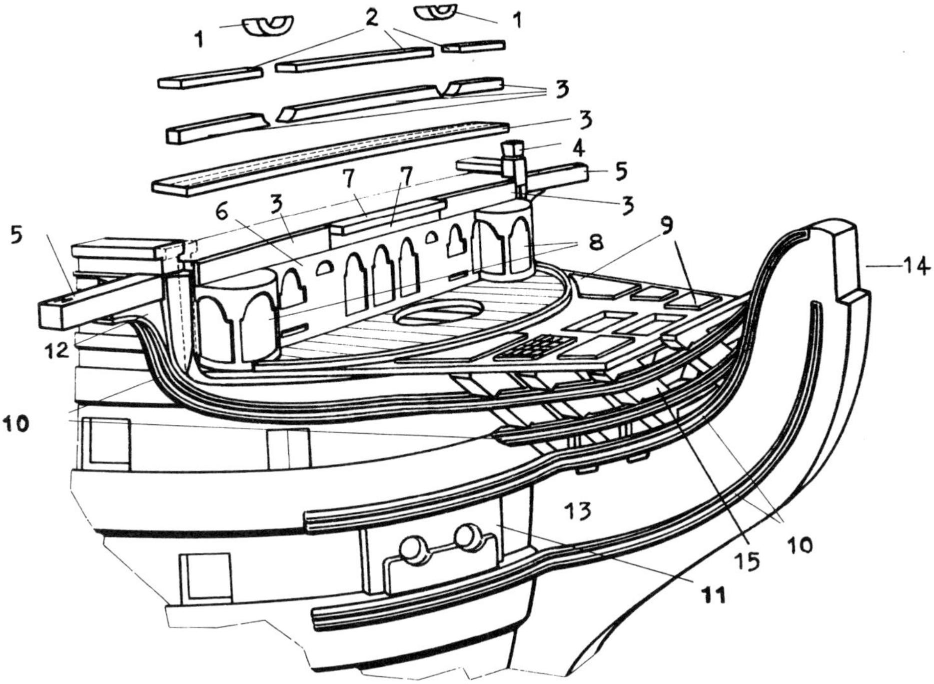

Bauteile des Galions der „Victory":
1 *Relingaussparung für die Bugkarronaden*
2 *Relingoberteile*
3 *Relingbauteile*
4 *Knecht*
5 *Kranbalken*
6 *Frontteil*
7 *Aufbauteil für den „Katzensteg" (Laufbrücke der Marineinfanterie)*
8 *Bugtürme (Offizierslatrinen)*
9 *Grätings des Galions*
10 *Galionsregeln*
11 *Klüsenbrett mit Ankerklüsen*
12 *Kranbalkenknie*
13 *Galionsscheg*
14 *Scheg-Aussparung für die Galionsfigur*
15 *Galionsspanten*

Der Galionsscheg, das tragende Teil des ganzen Galions, ist in der Regel beim Baukastenmodell bereits in das sichtbare Kielteil integriert. Sollte er anzukleben sein, müssen Sie darauf achten, daß der Scheg völlig gerade angeklebt wird. Ansonsten ist das ganze Galion am Schluß schief.

Beim Originalschiff war der Scheg aus mehreren zusammengesetzten Hölzern gebaut. Diese Arbeit können Sie sich beim Modell sparen oder allenfalls die Stöße einritzen. Gehen die Stöße aber aus dem Bauplan nicht genau hervor, sollten Sie dies lieber sein lassen. Im Scheg befand sich auch die Aufnahme für die Bugsprietzurring. Diese Öffnungen sollten Sie jetzt anbringen, später würde das etwas schwieriger sein. Die obere Verbindung des Schegs mit dem Rumpf stellte das Schegknie dar. Auch dieses Knie können Sie sich meist bei den Baukastenmodellen sparen, da es schon integriert ist. Ansonsten müßten Sie es jetzt ankleben.

Die Schloiknie saßen auf den Barkhölzern auf und stützten den Galionsscheg seitlich. Diese Knie sind in Baukästen meist vorgefertigt und sind nach dem Beizen bzw. nach dem Egalisieren zu verkleben. Die Oberseite dieser Knie bestand meist aus einer Zierleiste, die bis unter die Galionsfigur am Scheg aufwärts geführt wurde. Sollten für diese Zierleisten Nußbaumleisten in Ihrem Kasten liegen, dürften Schwierigkeiten beim Biegen vorprogrammiert sein. Nehmen Sie hierfür lieber Buchen-Biegeleisten, die Sie vor dem Biegen gut im heißen Wasser weichen lassen sollten. So sparen Sie sich eine Menge Ärger. Mit diesen Buchen-Biegeleisten werden Sie nur etwas Probleme beim Verkleben haben. Entfernen Sie daher Beize oder Farbe gründlich vom Barkholz, und kleben Sie die Biegeleisten mit Sekundenkleber an.

Die Galionsspanten liegen dem Baukasten meist vorgefertigt bei. Sollten sie auszusägen sein, muß dies sehr genau vorgenommen werden. Kleben Sie die Galionsspanten genau auf. Hier wirkt sich jeder Millimeter gravierend aus. Sollten Sie sich nicht sicher sein, ermitteln Sie die genaue Lage im trockenen Zustand. Benützen Sie eventuell Pappschablonen für diese Teile, bevor Sie alles fixieren. Die Galionsregeln fertigen Sie am besten ebenfalls aus Biegeleisten und passen sie genau dem Bug und den Galionsspanten an. Zum Verkleben empfehle ich Ihnen Sekundenkleber.

Die Galionsfigur bringen Sie zum Schluß an. Sie dürfte ebenfalls Ihrem Baukasten vorgefertigt beiliegen. Sie können die Figur genau nach Anleitung des Baukastens farbig bemalen oder mit Goldfarbe gestalten. Hierfür sind die Goldfarben des Plastikmodellbaus gut verwendbar. Soll die Figur ein patiniertes Aussehen haben, können Sie eine farbige Figur leicht mit Beize überstreichen. Die Goldfigur wird mit dunkelbrauner oder grauer Farbe bemalt, die vor dem Trocknen wieder abgewischt wird. So bleibt die Farbe nur in den Vertiefungen sichtbar, was einen sehr schönen Effekt ergibt.

Achten Sie beim Befestigen der Galionsfigur darauf, daß diese wie beim Original in den Galionsscheg integriert ist und nicht einfach davor angeklebt werden sollte. Nötigenfalls müssen Sie aus dem Scheg ein entsprechendes Stück entfernen, damit die Figur eingelassen werden kann. Auf dem für die Mannschaften zugänglichen Teil des Galions waren meist Grätings verlegt, die dem Modellbaukasten als Zahnleisten beiliegen und zuvor montiert werden müssen. Die Zahnleisten werden untereinander mit Holzleim verklebt. Oft wird von Baukastenherstellern empfohlen, die Zahnleisten trocken zu montieren und danach in eine Lösung von Wasser und Holzleim zu tauchen, was meiner Erfahrung nach mit einem Fiasko endet. Wenn die fertigen Grätings nach dieser Methode nicht eingespannt werden, werfen sie sich und werden unbrauchbar. Am besten fertigen Sie sich für den genauen Zuschnitt der Grätings eine Schablone. Passen Sie diese genau ein. Vergessen Sie nicht die Öffnung für die Bugsprietzurring, die vom Bugspriet abwärts durch das Galion bis zum Schegknie verläuft.

Galion der englischen „Victory“ 1805 (Corel-Modell des Verfassers im Bau)

Galion der französischen „La Couronne“ 1636 (Corel-Modell des Verfassers)

Das Galion war auch der Platz für die Mannschaftslatrinen. Auf einem guten Modell sollten sie nicht vergessen werden. Große Schiffe hatten zwei Latrinen, eine auf der Backbord-, die andere auf der Steuerbordseite. Sie standen etwas außerhalb der Mitte des Galions, und das Abflußrohr lief bis etwa zur Unterkante des Galionsschegs. Kleine Schiffe hatten nur eine Latrine an der Backbordseite. Oft waren diese Latrinen bei großen Schiffen wie der „Soleil Royal“ als Türme oder, besser gesagt, als Zylinder ausgebildet.

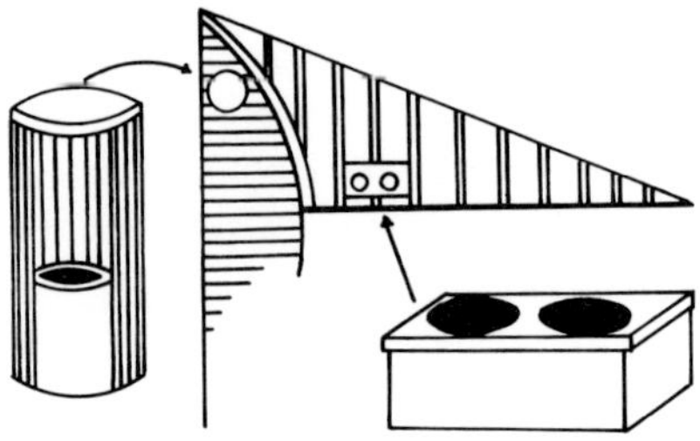

Latrinen und deren Aufstellungsorte.
Links: große französische und spanische Dreidecker des 17. Jahrhunderts
Rechts: allgemein übliche Form

Auch Nagelbänke zum Belegen des laufenden Gutes waren vielfach am Galion angebracht. Diese werden aus Leisten mit entsprechenden Löchern zur Aufnahme der Belegnägel hergestellt. Belegnägel liegen den Baukästen in aller Regel bei. Die genaue Plazierung der Nagelbänke des Galions geht aus Ihrem Bauplan hervor.

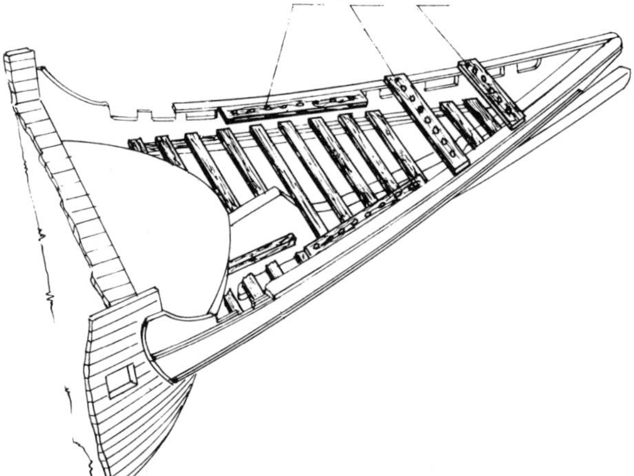

Nagelbänke am Galion der schwedischen „Wasa“ 1628

Nun sollten Sie Ihr Modell mit Ankerklüsen versehen. Dies waren die Öffnungen im Bugteil, durch die das Ankertau binnenbords lief. Bei größeren Schiffen waren es meist zwei Ankerklüsen auf der Back- und Steuerbordseite. Benützen Sie zum Vorbohren einen feinen Bohrer, den Sie danach jeweils größer wählen, bis Sie die entsprechende Öffnung erzielt haben. In den meisten Fällen bohren wir hier in die Füllstücke für die Unterbeplankung, was uns aber nicht stören sollte. Vermeiden Sie nur, wie gesagt, schon zu Anfang des Bohrens einen zu großen Bohrer zu wählen, sonst kann ich Ihnen garantieren, daß Sie sich die Beplankung ruinieren.

Die Öffnung sollte zum Ablaufen des Ankertaues nach unten gerundet sein, sonst wäre ja das Ankertau in kürzester Zeit aufgescheuert. Die Innenseite der Klüsen sollte mattschwarz bemalt werden.

Zum Schutz der Beplankung vor dem ablaufenden Ankertau war unter den Klüsen das Klüsenholz befestigt, das Sie recht einfach aus einer Leiste mit zwei halbrunden Aussparungen, die ebenfalls nach unten gerundet sein sollten, anfertigen. Die Klüsenhölzer können ebenfalls jetzt angebracht werden.

Die „Half Moon", ein für Anfänger gut geeignetes Modell von Corel

9 Der Heckspiegel

Welcher Modellbauer wäre nicht fasziniert von einem prächtigen Heckspiegel eines Dreideckers um das Jahr 1700? Dabei ist die gestellte Aufgabe nicht so einfach, wie man zunächst annimmt. Die Baukastenhersteller helfen zwar vielfach durch Vereinfachung oder Fertigteile, aber trotz alledem muß der Modellbauer hier sein handwerkliches Können unter Beweis stellen.

Vielfach liegen den Baukästen bei schwierigen Heckspiegeln Metallteile oder Teile aus plastischem Holz bei. Wenn Sie plastisches Holz beizen wollen, eignet sich hierfür nur Spiritusbeize, wie zuvor schon einmal erwähnt. Wollen Sie auf einem vorgefertigten Heckspiegel die Fenster bemalen, verwenden Sie dunkelblaue Plaka-Farbe und für die Fensterkreuze Gold oder Schwarz. Wenn Sie den gesamten Heckspiegel der Vorlage entsprechend bunt oder gold bemalen wollen, empfehle ich Ihnen, zuvor eine dünne Lösung von Holzleim mit Wasser vermischt aufzutragen, denn plastisches Holz hat die Eigenschaft, bei zuvor unbehandelter Oberfläche nach dem Bemalen aufzurauhen, was unschön aussieht.

Heckspiegel des russischen Linienschiffes „Leskoje“ von 1743. Modell im Niederländischen Schiffahrtsmuseum, Amsterdam

Wenn Ihnen das alles allerdings zu einfach ist oder aussieht, können Sie sich Ihren Heckspiegel selbst bauen. Nachdem die Figuren meist schon vorgefertigt beiliegen, kommt man um die gerade für den Anfänger schwierige Arbeit des Schnitzens herum.

Heckspiegel der „La Couronne" 1636 (Corel-Modell des Verfassers)

Wenn die beigelegten Figuren aus Plastik sind, müssen sie unbedingt mit Goldfarbe des Plastikmodellbaus (Humbrol) bemalt werden. Sind die Figuren bereits vergoldet oder aus Metallguß, können sie ein patiniertes Aussehen durch dunkelbraune oder dunkelgraue Mattfarbe erreichen, die auf das entsprechende Teil aufgemalt wird. Noch bevor die Farbe antrocknet, wischt man über die Oberfläche des Teils. Die Farbe verbleibt dann nur noch in den Vertiefungen.

Sie können sich auch geduldig an der einen oder anderen Schnitzerei versuchen, die zwar bestimmt nicht auf Anhieb gelingt, aber dann, selbst wenn sie nicht optimal ausgefallen ist, das befriedigende Gefühl vermittelt, sie selbst hergestellt zu haben. Verwenden Sie am besten für kleinere Verzierungen Buchsbaumholz, das nicht so schnell bricht und eine geeignete Faserstruktur besitzt.

Bei Schiffen des 18. und 19. Jahrhunderts sind oft am Heck und an den Seitentaschen zwischen den Fensterreihen Ziersäulen angebracht. Meist sind diese dann schon von den Baukastenherstellern als Preßholzteile in den Heckspiegel integriert und sehen mehr

Heckansicht der schwedischen „Wasa" 1628 (Corel-Modell des Verfassers)

oder weniger scheußlich aus. Besser ist es, wenn diese Ziersäulen selbst angefertigt werden. Sie brauchen aber keinen Schreck zu bekommen, die Anfertigung ist wesentlich einfacher, als man zunächst glaubt. Schneiden Sie die Säulen der Länge nach zunächst aus dünnen Buchsbaumleisten zu. Danach werden die Leisten an der linken und rechten Außenseite eingekerbt. Hierfür eignet sich hervorragend sogenanntes Linolschnitt-Werkzeug, das Sie im Zeichen- und Malbedarf erhalten. In einen Griff können verschiedene Einsätze geschoben werden, sogenannte „Federn", die vom spitzen Winkel bis zur leicht runden Form verfügbar sind. Die Einkerbung auf der linken und rechten Seite wird mit einer runden Linolschnittfeder vorgenommen. Danach können Sie die Säulen in der vorgesehenen Weise auf den Heckspiegel kleben. Wenn dies getan ist und alle Teile gut getrocknet sind, können Sie vorsichtig eine Einkerbung an der Ober- und Unterkante der Bögen vornehmen. Die nachfolgende Skizze verdeutlicht den Vorgang.

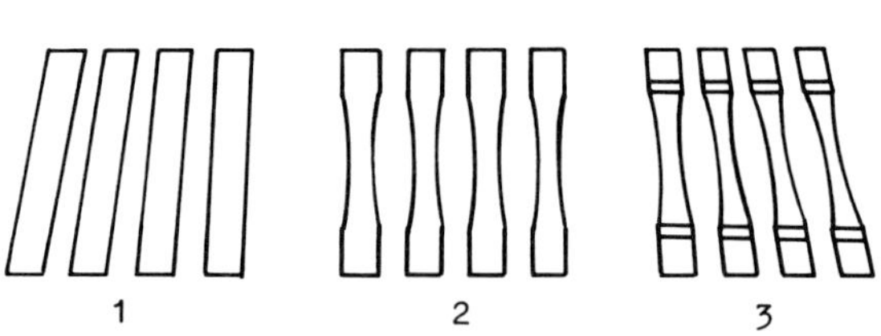

Möglichkeit der Herstellung von Ziersäulen

Die Unterkonstruktion für Heckspiegel bei Modellbaukästen besteht meist aus Füllstükken wie bei der Rumpfbeplankung. Diese Füllstücke sind größtenteils aus Linden- oder Abachiholz und müssen noch auf das erforderliche Maß gebracht werden. Auch sind zum Teil Sperrholzteile von der Bordwand des Hecks her anzukleben, die dann den Heckspiegel tragen. Bemalen Sie, wenn der Heckspiegel bereits ausgesparte Fenster hat und die Unterkonstruktion unter diesen sichtbar verlaufen würde, diese Teile mit dunkelblauer Plaka-Farbe.

Selbst hergestellte Ziersäulen am Heck der „Victory" (Corel-Modell des Verfassers im Bau)

Für das Fensterglas liegt den Kästen Cellon oder Plastikmaterial für Scheiben bei. Sie können auch alten Fotofilm verwenden, wenn Sie die Emulsion mit warmem Wasser abwaschen. Auch Klarsichthüllen (Bürobedarf) können gut geeignet sein. Die Fensterkreuze kann man aus dünnen Furnierleisten herstellen und aufkleben (Vorsicht – nicht den Kunststoff verschmieren!) oder aber bei quadratischer oder rautenförmiger Verbleiung der Fenster ein Stück grobe Gardine verwenden, die gold oder schwarz bemalt wird. Sie wird dann hinter dem Kunststoff am besten auf dem Träger verklebt.

Die Seitentaschen des Hecks

Auch die Seitentaschen waren, wie der Heckspiegel von etwa 1620–1750, reich verziert und geschmückt. Der Zusammenbau wird auch hier durch den Baukasten sehr erleichtert und verkürzt. Die Seitentaschen mit ihren Fenstern sind ebenso und mit denselben Materialien wie der Heckspiegel herzustellen.

Eine sehr große Hilfe kann es sein, wenn Sie aus dünner Pappe Schablonen anfertigen und diese genau einpassen, bevor Sie das entsprechende Teil aus dem beigelegten Holz ausschneiden. So schonen Sie wertvolles Bauholz und vor allen Dingen Ihre Nerven!

Heck und Seitentasche der französischen „Soleil Royal“ 1692

10 Die Schotten

Die Schotten, wie man die Zwischenräume von Bordwand zu Bordwand bezeichnet, ergeben sich in Ihrem Baukasten meist aus verlängerten Spantoberteilen oder separaten Füllstücken. Diese Teile müssen jedoch ebenfalls beplankt werden, und zwar waagrecht. Bei holländischen, dänischen, schwedischen und manchen französischen Schiffen des 17. Jahrhunderts waren diese Teile klinkerbeplankt, d. h. daß die obere Planke die untere jeweils überlappte. Meist waren auch Fenster und Türen angebracht.

Der Bau dieser Teile bereitet keine größeren Schwierigkeiten, Sie sollten jedoch sehr gründlich arbeiten, damit in der Ecke Bordwand/Schott kein Spalt bleibt. Auch hier kann eine Pappschablone helfen.

Die genaue Lage der Schotten und deren Bau bzw. Verkleidung geht aus dem Bauplan hervor. Meist war auf dem Oberteil der Schotten eine Reling angebracht, die aus Säulen bzw. Zierteilen Ihres Baukastens aufgebaut wird.

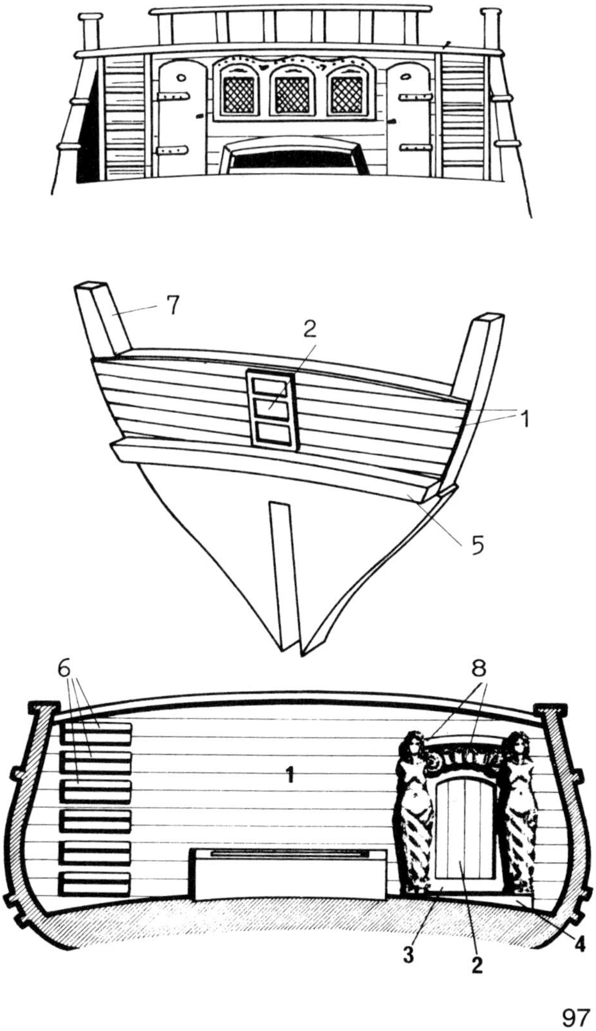

Querschotten und deren Anbauteile:
1 Beplankung
2 Türe
3 Türrahmen
4 Stufe
5 evtl. Auflageleiste für Deck
6 Treppenstufen
7 zu entfernendes Spantoberteil
8 Zierelemente

11 Die Ruderanlage

Der seemännische Ausdruck für das Steuer eines Schiffes ist Ruder und sollte nicht mit Riemen verwechselt werden, denn Riemen dienten ja z. B. der Fortbewegung der Beiboote. Bis Ende des 12. Jahrhunderts war das Ruder auf Schiffen in Fahrtrichtung rechts angebracht, woher auch der Begriff „Steuerbord“ stammt.

Das Heckruder, das ab dem 13. Jahrhundert zögernd in Gebrauch kam, war mit Scharnieren am Achtersteven befestigt. Das Ruder war an der Oberkante etwas breiter als die aufzunehmende Ruderpinne und verjüngte sich nach unten bis etwa zur Stärke des Kiels. Nach achtern war die Stärke des Ruders auf etwa 60 % reduziert. Bei einem guten Modell sollte dies auch zu sehen sein!

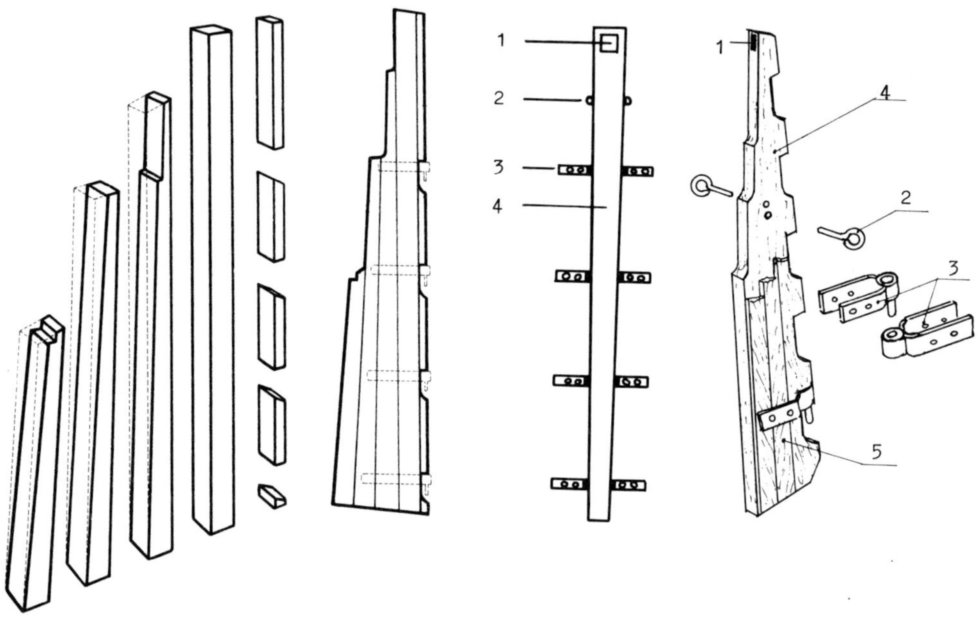

Herstellung eines Heckruders. Das Ruder kann aus einzelnen Vierkantleisten erstellt werden oder aus einem Stück geschnitten sein. Man kann die einzelnen Balken durch Einritzen zeigen oder das Ruder mit den Leisten der Oberbeplankung versehen:
1 Aufnahmeöffnung für die Ruderpinne
2 Ringbolzen für Sorgleinen
3 Ruderscharniere
4 Ruderblatt
5 Beplankungsleisten

Die einzelnen Ruderteile waren im Original aus mehreren starken Balken gefertigt. Dies kann man beim Modell durch Einritzen oder durch Aufkleben von einzelnen Leisten zeigen. Durch den Kopf des Ruderblattes führte die Ruderpinne durch das Hennegat ins Innere des Rumpfes. Auf alten Schiffen bediente der Rudergänger das Ruder mit Hilfe des Kolderstocks, wodurch allerdings durch den geringen Hebelweg der relativ langen Pinne nur ein kleiner Ausschlag des Ruders ermöglicht wurde.

Die Ruderscharniere liegen meistens den Baukästen bei oder können in vielen Größen im Fachhandel bezogen werden. Das Band mit dem Fingerling wird am Ruderblatt befe-

Steuern des Schiffes mit Hilfe des Kolderstockes. Bis zur Einführung der Ruderräder im 18. Jahrhundert wurden die Schiffe mit dem Kolderstock gesteuert. Der Rudergänger stand unter einem kleinen, nach vorne offenen Häuschen und konnte so Befehle besser entgegennehmen und nach Sicht steuern

stigt, während das Gegenstück mit der Öse am Achtersteven angebracht wird. Das Band der Ruderscharniere ist mit Bohrungen versehen, um die Teile mit kleinen Nägeln zu befestigen.

Nach dem genauen Einpassen der Ruderscharniere an dem Achtersteven und an das Ruderblatt rate ich Ihnen, die für das Ruderblatt bestimmten Scharniere an der vorgesehenen Stelle mit Sekundenkleber zu befestigen. Es wird zwar oft geraten, diese Scharniere mittels beigelegter Nägel zu fixieren, was aber für den Anfänger zur Nervenkrise ausarten kann. Besser ist es hier, zu kleben und die Nägel erst nach der Befestigung anzubringen. Sie können dann mit einem kleinen Bohrer vorbohren und die kleinen Nägel ohne weitere Schwierigkeiten anbringen oder sogar einleimen.

Danach werden die Scharniere für den Achtersteven in die bereits hergestellte Einheit eingehängt und dann mit dem Achtersteven ebenfalls verklebt. Auch hier können Sie danach wieder bohren und die vorgesehenen Nägel einschlagen oder einkleben. Vorsicht! Nicht die Beplankung mit dem Hammer ruinieren! Stecken Sie die kleinen Nägel lieber mit der Spitze in das Holz und nehmen Sie einen größeren, umgedrehten Nagel als Zwischenstück zwischen dem kleinen Nagel und dem Hammer zu Hilfe.

Erst im 18. Jahrhundert kamen Ruderräder auf. Man sollte deshalb beim Baukastenmodell sehr genau prüfen, ob das beigelegte Material überhaupt historisch richtig ist. Bei kleinen Schiffen wurde die Ruderpinne noch lange Zeit beibehalten. Bei dem Ruderrad wurde die Umdrehung des Ruders mit Hilfe von Rudertakeln auf die Ruderpinne übertragen.

Zur Sicherung des Ruders waren am Ruderblatt Sorgleinen, später auch Ketten befestigt, denn es war durchaus möglich, daß bei Sturm oder starkem Seegang das Ruder aus den Angeln gehoben wurde. Die Sorgleinen führten ins Innere des Schiffes oder waren am Rumpf befestigt. Genaue Aufschlüsse gibt hier der Bauplan.

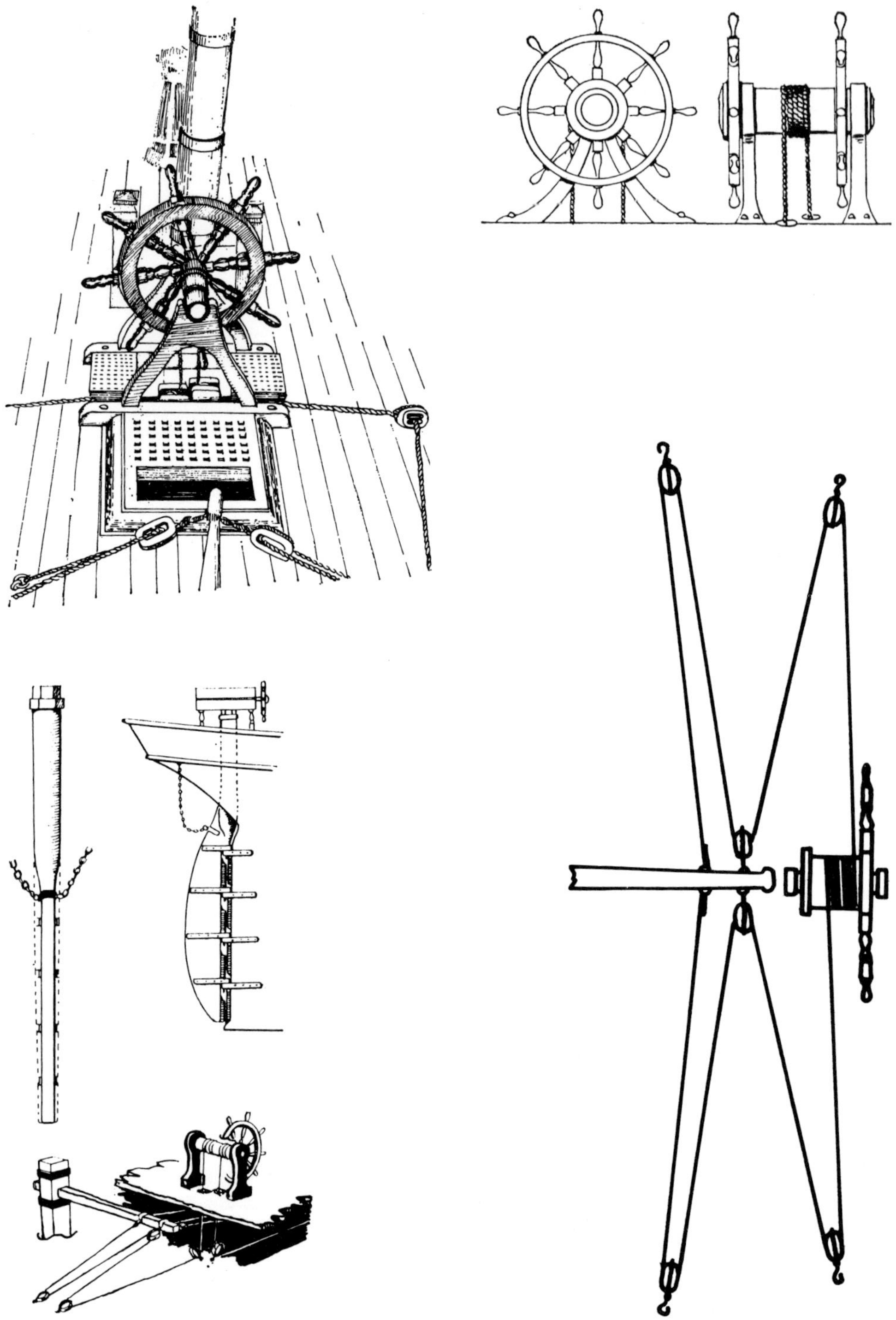

Ruderräder kamen erst im 18. Jahrhundert in Gebrauch

12 Bewaffnung und Geschütze

Auch Ihr Modell wird, wenn Sie nicht gerade ein Handelsschiff bauen, mit entsprechenden Geschützen versehen sein. Die Teile hierfür liegen Ihrem Baukasten bei und müssen lediglich noch zusammengesetzt werden. Doch wenn Sie ein gutes und historisch richtig aussehendes Modell erzielen möchten, wovon ich ausgehe, müssen Sie an dem Beigelegten einige Veränderungen treffen.

Im Maßstab 1:100, eventuell gerade noch im Maßstab 1:75 können Sie die beigelegten Geschützlafetten verwenden. Im Maßstab 1:50 sollten Sie jedoch unbedingt die Seitenwangen und Querstreben selbst herstellen und zusammenkleben, um ein wirklich vorbildgetreues Aussehen zu erhalten. Da Sie im Maßstab 1:50 kaum einen Dreidecker bauen werden, der über 100 Geschütze hat, hält sich auch der Arbeitsaufwand hierfür in Grenzen, das Endergebnis ist jedoch wesentlich befriedigender. Alle Lafetten liefen in der Draufsicht leicht konisch zu, um sich der Form des Rohres anzupassen.

Mit dem Richtkeil konnte man die Neigung des Rohres verändern. Die Richtkeile werden auf vielen Modellen vergessen. Sie erfüllen aber in unserem Fall zwei Aufgaben. Zum ersten gehören sie, historisch gesehen, unbedingt auf die Lafette, zweitens kann man, wenn man das Rohr mit dem Schildzapfen auf der Lafette verklebt, die Stoßplatte (hinteres Ende des Rohres) leicht am Richtkeil verkleben und erhält somit eine Verklebung an drei Punkten, wodurch die ganze Konstruktion wesentlich stabiler wird. Im Maßstab 1:50 kann man den Handgriff des Richtkeils mit einem kleinen, schwarz bemalten Drahtstiftchen darstellen.

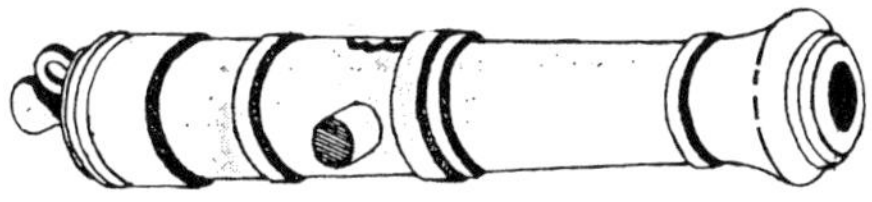

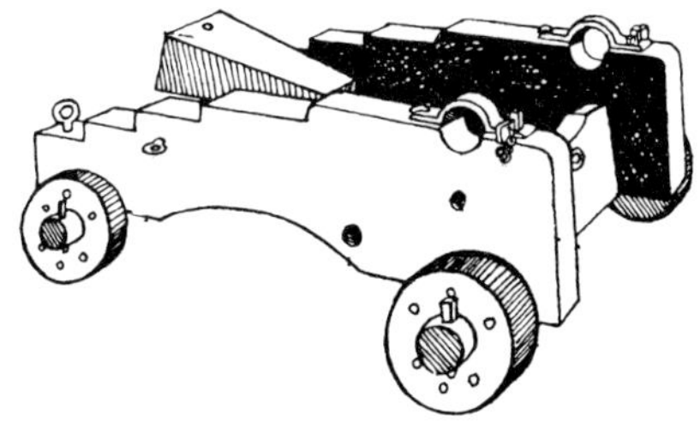

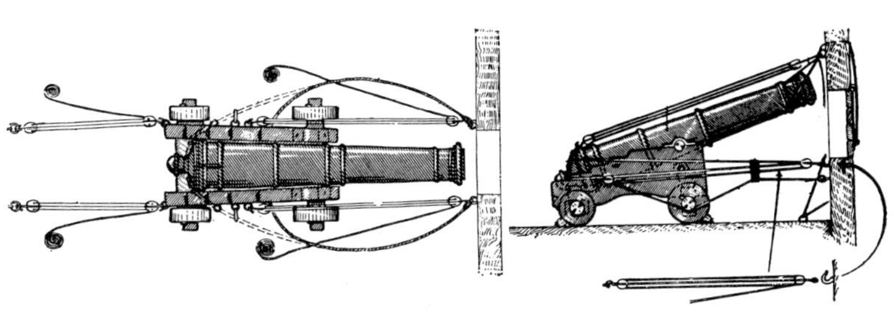

Geschütz und dessen Takelung: Unten links: bei geschlossener Geschützpforte oder während des Ladens. Unten rechts: Marschzurrung während der Fahrt (Geschützpforte geschlossen)

Ausschnitt aus dem Unterdeck eines Kriegsschiffes aus der zweiten Hälfte des 17. Jahrhunderts. Man beachte die Takelung der Geschütze und die einzelnen Ausrüstungsgegenstände

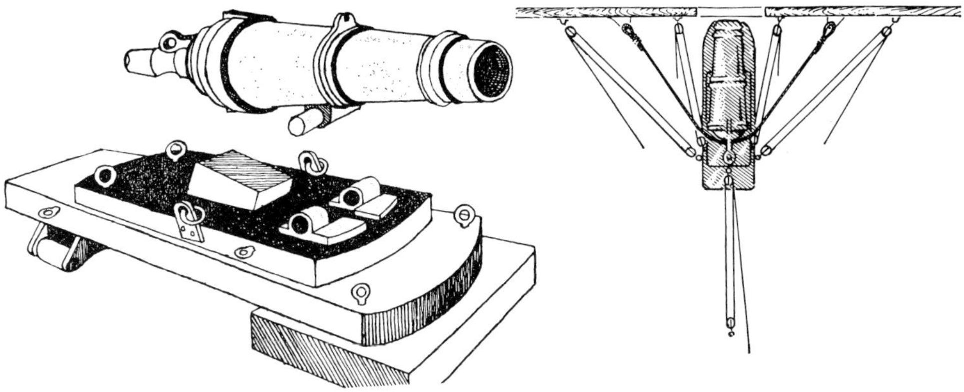

Karronade und deren Takelung

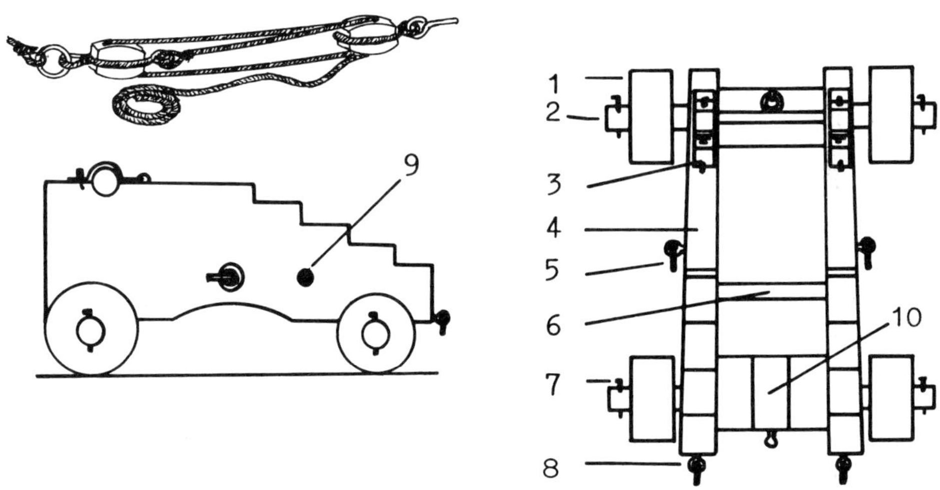

Einzelteile einer Geschützlafette:
1 Räder
2 Achsen
3 Schildzapfengurte
4 Seitenwangen
5 Ringbolzen für Seitentakel
6 Querstreben
7 Radsplinte
8 Ringbolzen für Rückholtakel (je nach Land waren ein oder zwei Rückholtakel möglich!)
9 Öffnung für Brooktau, wenn Brooktau nicht durch ein Auge an der Stoßplatte des Rohres geschoren war
10 Richtkeil

Sie müssen im Maßstab 1:50, u. U. auch im Maßstab 1:75, die Ringbolzen für die Seitentakel, die Rückholtakel und die Brooktauführung befestigen. Sollten Sie die Ringbolzen nicht in der passenden Größe im Handel finden, können Sie diese auch selbst herstellen. Wickeln Sie einen dünnen Draht spiralförmig um einen Nagel passenden Durchmessers. Wenn Sie den Nagel herausziehen und die Spirale der Länge nach aufschneiden, erhalten Sie etliche Ringe in einem Arbeitsgang.

Auch die Schildzapfengurte sollten nicht vergessen werden. Diese sicherten den Schildzapfen (die Drehachse) des Rohres. Sie können die Schildzapfengurte im Maßstab 1:75 aus etwas stärkerem Papier ausschneiden und wie die Schildzapfen schwarz bemalen. Im Maßstab 1:50 sollten Sie für die Schildzapfengurte sehr dünne Blechstreifen verwenden. Als Achsen bzw. Schildzapfen liegen den meisten Modellbaukästen Messingstäbchen bei, die jedoch unbedingt schwarz bemalt werden sollten. Räder für Lafetten können Sie problemlos aus Rundstäben anfertigen.

Die Takelung der Geschütze sollte ebenfalls unbedingt dargestellt sein. Im Maßstab 1:100 ist dies etwas schwieriger, da alle handelsüblichen Blöcke für die Rückhol- und Seitentakel in jedem Fall viel zu groß sind. Aber auch hier gibt es eine Ausweichmöglichkeit. Nehmen Sie naturfarbenen Leinenzwirn oder Bindfaden und legen drei 5 cm lange Stücke nebeneinander. Machen Sie am vorderen und hinteren Ende einen Knoten, so daß ein freies Mittelstück von etwa 1 bis 1,5 cm Länge zwischen den Knoten verbleibt. Nach den jeweiligen Knoten lassen Sie ein kleines Stück einzelnen Faden von ca. 0,5 cm und auf der anderen Seite von etwa 1,5 cm Länge stehen. Die Knoten werden mit kleinen Leimtröpfchen gesichert. Nach Eintauchen in verdünnte Beize haben die Rückhol- und Seitentakel die richtige Farbe, und die Knoten werden nun dunkelbraun bemalt. So sind die Blöcke der Seiten- und Rückholtakel recht gut dargestellt.

Die stärkeren Brooktaue, die den Rückstoß des Geschützes abfingen, waren mit eisernen Ringbolzen an der Bordwand befestigt. Das Brooktau lief entweder durch Öffnungen in den Seitenwangen der Lafetten oder war durch ein Brooktauauge am Ende des Rohres gezogen. Wenn Sie die Ringbolzen für die Brooktaue und Seitentakel an der Bordwand verkleben wollen, müssen Sie sehr vorsichtig zu Werke gehen. Denn wenn die erforderlichen Öffnungen hierfür vorgebohrt werden, kann es leicht sein, daß Sie mit dem Bohrer durch das Schanzkleid stoßen. Markieren Sie mit einem kleinen Farbfleck auf dem Bohrer etwa die Stärke der ersten Beplankungsschicht. Bohren Sie nur bis zu dieser Markierung in die Bordwand! Erneuern Sie die Markierung nach jeder dritten bis vierten Bohrung. Danach werden die Ringbolzen auf die erforderliche Länge abgezwickt und in der Bordwand am besten mit Stabilit-Express verklebt. Das Brooktau verklebt man am besten mit sich selbst, nachdem man es ein kleines Stück durch den Ringbolzen gezogen hat. Das Brooktau wird danach entweder durch die Öffnungen der Lafette in den Seitenwangen geführt oder am Ende der Stoßplatte des Geschützes befestigt. Drehen Sie hierzu die einzelnen Kardeele des Taues auf und drücken Sie diese um das Pommelion (kugelförmiges Ende der Stoßplatte). Danach führen Sie das Tau wieder zurück zur Bordwand zum anderen Ringbolzen.

Ein Fehler, den man sehr häufig sieht, ist die falsche Länge des Brooktaues. Wenn das Geschütz zum Gefecht ausgefahren ist, sollte das Brooktau länger sein und lose auf Deck liegen. Beim Laden und wenn das Geschütz durch den Rückstoß des Abfeuerns binnenbords rollt, muß das Brooktau gespannt sein.

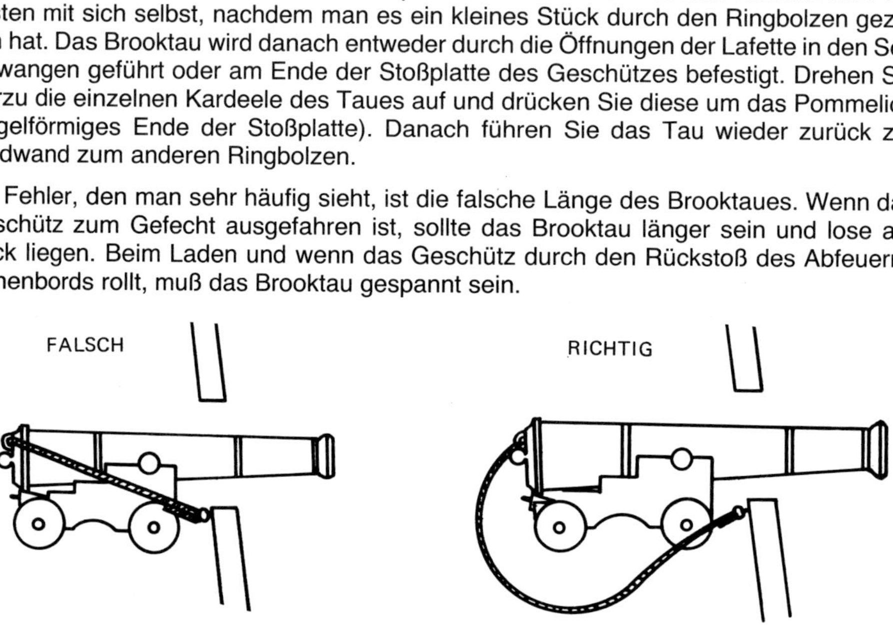

Wenn das Geschütz ausgefahren gezeigt werden soll, darf das Brooktau nicht gespannt sein

Für die Seiten- und Rückholtakel eines Modells im Maßstab 1:100 werden zunächst die überstehenden 1,5 cm langen Taustückchen nach dem Knoten umgedrückt, so daß sie parallel zu den Tausträngen angeordnet sind. Die Knoten der Seitentakel werden einerseits an der Lafette, andererseits an der Bordwand verklebt, wobei das überstehende Stück abwärts auf Deck geführt wird. Der Knoten des Rückholtakels mit dem überstehenden, umgeknickten Tauende wird an der Lafette verklebt, das kurze Taustückchen hinter dem Knoten der anderen Seite wird in einer kleinen Bohrung im Deck direkt unter dem Knoten verklebt. Für diese Klebearbeiten hat sich UHU-Hart bewährt. An die Enden der auf Deck führenden Tauenden klebt man kleine Seilbündel, die man um einen dünnen Rundstab gewickelt hat. Wenn sich das stärkere Brooktau etwas in die Höhe drehen sollte, kann mit einem Tröpfchen Leim schnell abgeholfen werden.

Voll getakelte Geschütze im Maßstab 1:100 auf dem Oberdeck der „Victory". Mit handelsüblichen Blöcken wäre diese Arbeit undurchführbar gewesen. Daher wurden die Blöcke durch bemalte Knoten dargestellt (Corel-Modell des Verfassers im Bau)

Wenn man bei einem Zwei- oder gar Dreidecker die Geschütze im sichtbaren Unterdeck voll getakelt zeigen möchte, stößt man bei der Brooktau-, Seiten- und Rückholtakelbefestigung auf erhebliche Probleme, da man Ringbolzen praktisch nicht mehr an den Bordwänden des Unterdecks befestigen kann. Das Oberdeck ist ja bereits schon aufgeklebt. Auch hier gibt es eine sehr gute Lösung! Da solche Modelle ja im Maßstab 1:75 oder 1:100 sind, können Sie die Seiten und Rückholtakel wieder aus Faden und Knoten für die Blöcke darstellen. Das Geschütz wird außerhalb des Rumpfes getakelt.

Man schneidet ein dickeres Stück Takelgarn für das Brooktau etwas länger zu, da das ausgefahrene Geschütz ja ein längeres Brooktau benötigt. In der Mitte des Brooktaus dreht man ebenfalls die einzelnen Kardeele auf und drückt diese um das Pommelion. Die Enden des Brooktaus werden so auf der seitlichen Oberkante des vorderen Lafettenrades verklebt, daß das Tauende etwa 5 mm über das Vorderrad hinaussteht. Das Sei-

Voll getakelte Geschütze im Unterdeck eines Kriegsschiffes müssen keinesfalls ein Grund zum Verzweifeln sein, wie Sie anhand dieser Aufnahme ersehen können. Achten Sie lediglich darauf, daß Sie nicht die Decksplanken während des Einschiebens mit Leim verschmieren (Corel-Modell des Verfassers im Bau)

Der Rumpf des Dreideckers „Victory". Ein sehr schönes Modell von Corel, an das man sich allerdings erst mit einiger Erfahrung wagen sollte

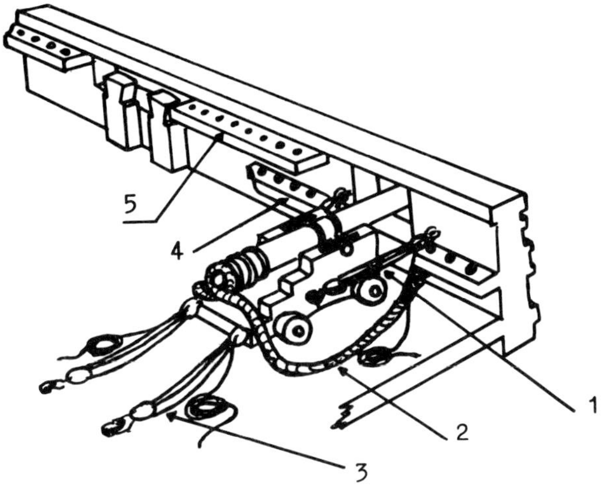

Geschützaufstellung auf dem Oberdeck eines Linienschiffes, Ende 18. Jahrhundert:
1 Seitentakel
2 Brooktau
3 Rückholtakel
4 Kugelstaukästen
5 Nagelbank

tentakel wird an der Lafette einerseits und an der Spitze des Brooktaus andererseits verklebt. Das Rückholtakel wird ebenfalls an der Lafette angeklebt. Nach der Trocknung schiebt man das so komplette Geschütz an die entsprechende Position unter Deck. Die Spitzen des Brooktaus und der Seitentakel müssen dann an der Bordwand des Unterdecks anstehen.

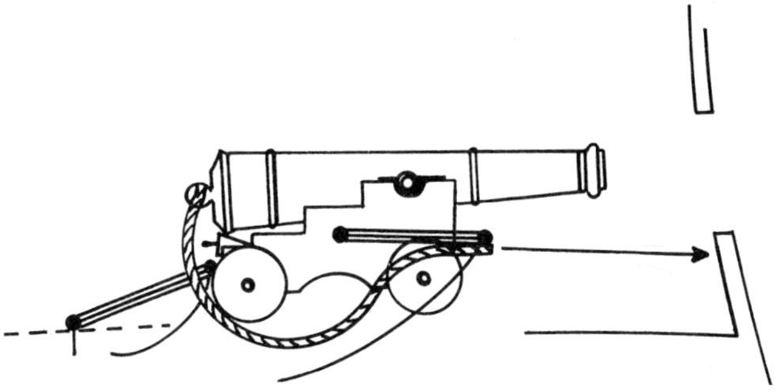

Die voll getakelten Geschütze für das sichtbare Unterdeck. Sie werden nach der Montage und Takelung im Unterdeck an die Bordwand gerückt und verklebt. Brooktau und Seitentakel stehen mit der Spitze an der Bordwand an

Im Maßstab 1:50 jedoch sollten richtige Blöcke für die Seiten- und Rückholtakel verwendet werden, und zwar beim Seitentakel ein Einfachblock an der Lafette und ein Doppelblock an der Bordwand; beim Rückholtakel ein Doppelblock an der Lafette und ein Einfachblock an Deck. Das Tau war mit einer Zurring um den Einfachblock verlegt, lief dann durch ein Auge des Doppelblocks zurück zum Einfachblock, durch diesen zurück durch das zweite Auge des Doppelblocks und dann auf Deck zum Bedienen.

Sie sollten sich auch im klaren darüber sein, wie Sie Ihr Modell später zeigen wollen. Wenn Sie Ihr Schiff ohne Segel, also mit heruntergelassenen Mars-, Bram- und Royalrahen, im Hafen zeigen möchten, müssen die Geschützpforten geschlossen sein. Wenn Sie die Geschütze ausgefahren darstellen, die Geschützpforten also geöffnet sind, sollten Sie auch Segel anbringen. Gut, man muß das nicht so kleinlich sehen, aber so wäre es historisch richtig!

Da die Arten der Schiffsbewaffnung so unterschiedlich waren, helfen Ihnen am besten wiederum Unterlagen von Schiffen jener Zeit oder jenes Landes. Auch Bibliotheken sollte man, wie gesagt, einmal aufsuchen.

Um dem Auffasern der Taue abzuhelfen, wie das möglicherweise nach dem Schlußlakkieren geschehen kann, empfehle ich Ihnen, alle jetzt schon montierten Taue auf Deck mit stark verdünntem Holzleim zu bestreichen. Er trocknet völlig farblos auf und fixiert die Taue zusätzlich. Es ist nicht immer möglich (z. B. wenn das Modell ein sichtbares Unterdeck hat), die Geschütze und Geschütztakel erst nach dem Lackieren anzubringen.

Wenn Sie Kanonenkugeln zeigen möchten (Maßstab 1:50 oder 1:75) und diese dem Baukasten nicht beiliegen, können Sie kleine Bleikügelchen verwenden, wie sie bei Segelflugmodellen zum Auswiegen benutzt werden. Fragen Sie im Fachgeschäft danach. Zum Stauen der Kanonenkugeln am Modell verwenden Sie eine etwas stärkere Leiste, die mit dem Bohrer leicht angebohrt wird (nicht durchbohren!). In dieser Mulde werden die Kanonenkugeln mit Sekundenkleber fixiert.

Bordkanone der „Victory". Die Geschütze sind vor dem Schiff im Hafen von Portsmouth aufgestellt

13 Die Decksausrüstung

Der Decksausrüstung kommt – auch am Modell – besondere Bedeutung zu. Der Könner und auch der, der es werden möchte, kann hier alle Register ziehen. Natürlich ist vielfach die Ausführung mancher Teile sehr vom Maßstab abhängig. Auf einem Schiff im Maßstab 1:50 muß man natürlich mehr zeigen als im Maßstab 1:100, um ein wirklich gelungenes Modell gebaut zu haben. Die Baukastenhersteller helfen zwar vielfach mit fertigen Beschlagteilen, die aber manchmal gehörig zu kritisieren sind.

Bugansicht der schwedischen „Wasa" 1628 (Corel-Modell des Verfassers)

Zuallererst sollten Sie die Größenverhältnisse der einzelnen Teile an Hand Ihres „Maßstabmännchens" sorgfältig prüfen. Entsprechen die Treppen einer normalen Tritthöhe? Wird aus dem Wassereimer nicht plötzlich ein Bottich? Der Vergleich tut hier wirklich not, wobei ich nicht pauschal sagen möchte, daß die den Modellbaukästen beigelegten Beschlagteile unbrauchbar wären. Wenn Sie, wie ich bereits geraten habe, unpassende und unrichtige Beschlagteile schon nach dem Baukastenkauf ausgesondert haben, müßte bereits jetzt brauchbares Material vorliegen. Es wird im Verlauf Ihrer Arbeit aber trotzdem sicher nötig sein, das eine oder andere Teil selbst anzufertigen, was aber eigentlich mehr Freude macht, als daß es einen ärgert. Ich denke hier zum Beispiel an Klampen, die in der Regel bei 1:75- oder 1:100-Modellen fast durchweg zu groß sind. Aus Buchsbaumholz sind diese Teile relativ schnell hergestellt – und vor allen Dingen, dann sind sie historisch und größenmäßig glaubhaft!

Lassen Sie sich bei der Decksausrüstung viel Zeit, und montieren Sie ein selbsthergestelltes Teil erst dann, wenn Sie sicher sind, daß es gut gelungen ist.

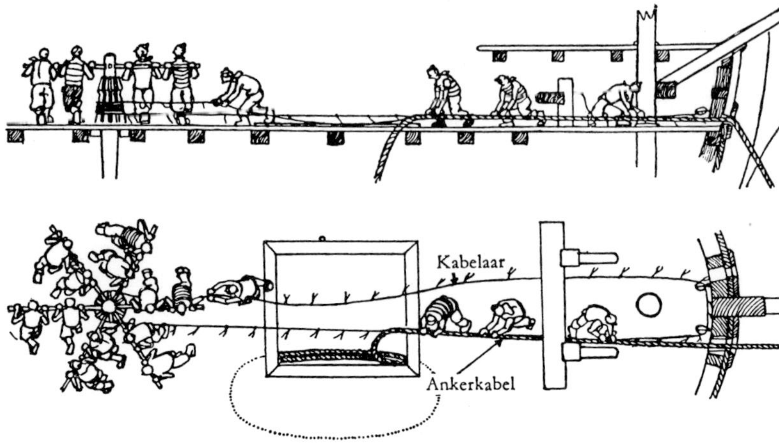

Das Einholen des Ankertaus mit Hilfe des Kabelaars

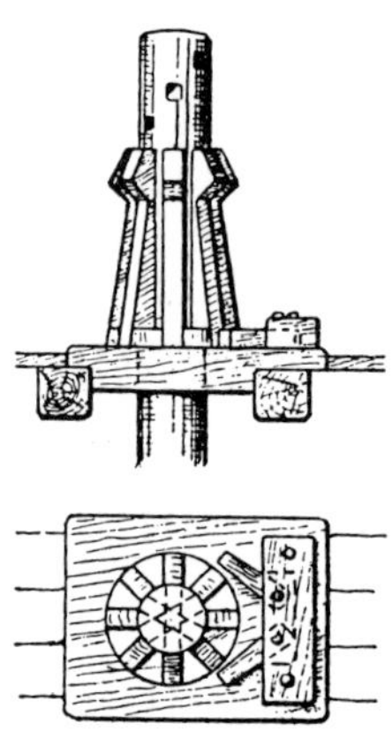

Ankerspill

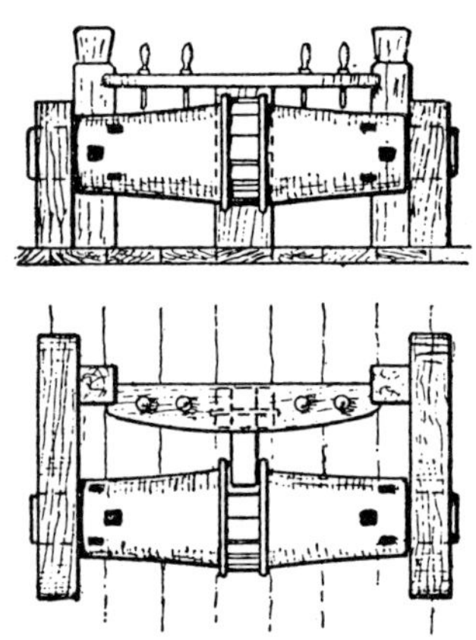

Bratspill

Das Spill

Das Spill diente dazu, Lasten, Anker oder Beiboote zu hieven. Es gab Gangspills, die aufrecht standen und auf größeren Schiffen auf Deck oder unter Deck benutzt wurden. Es gab auch große, durchgehende Gangspills, die durch zwei Decks liefen und daher von der doppelten Anzahl Männer bedient werden konnte. In rechteckige Öffnungen konnten strahlenförmig Balken eingesteckt werden, die sogenannten Spillspaken. Um z. B. den schweren Anker aus dem Grund zu holen, war beträchtliche körperliche Anstrengung nötig.

Das Ankertau war viel zu steif, um mit dem Ankerspill eingeholt zu werden. Dazu bediente man sich des Kabelaars. Das Kabelaar war ein endloses Tau, das einerseits um das Spill gelegt war und andererseits durch zwei Blöcke vor der Ankerbeting geführt wurde. Das Kabelaar hatte in kurzen Abständen eingespleißte Stroppen (kurze Tauenden). Es wurde neben das Ankertau gelegt und mit demselben durch eine Anzahl dieser Stroppen leicht lösbar verbunden. Um das Ankerspill lag das Kabelaar in mehreren Windungen. Das Spill wurde dann mit Hilfe der Spillspaken in Gang gesetzt, und das Kabelaar zog die Ankertrosse ein, wobei von den Matrosen die Stroppen fortlaufend gelöst und neu verbunden werden mußten. Auf der nebenstehenden Abbildung wird dieser Vorgang veranschaulicht.

Die Teile eines Spills:
1 Grundplatte
2 Spillkopf
3 Pallen
4 Sicherungsbolzen für Pallen
5 Fußplatte der Pallen
6 Spillrippen
7 Spillspaken

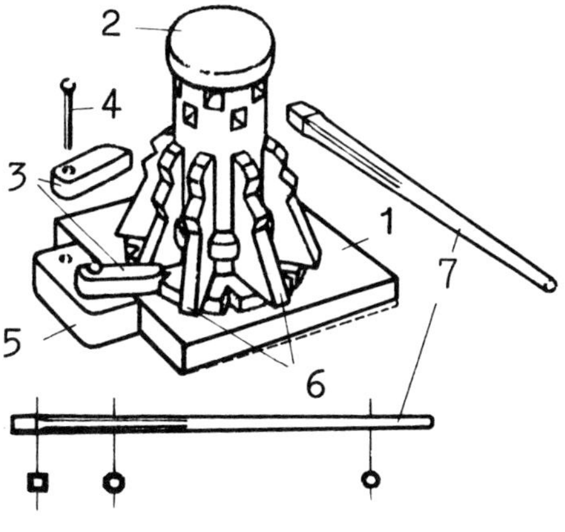

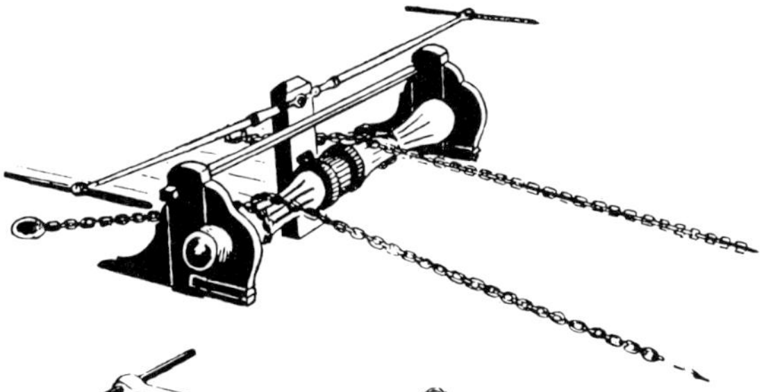

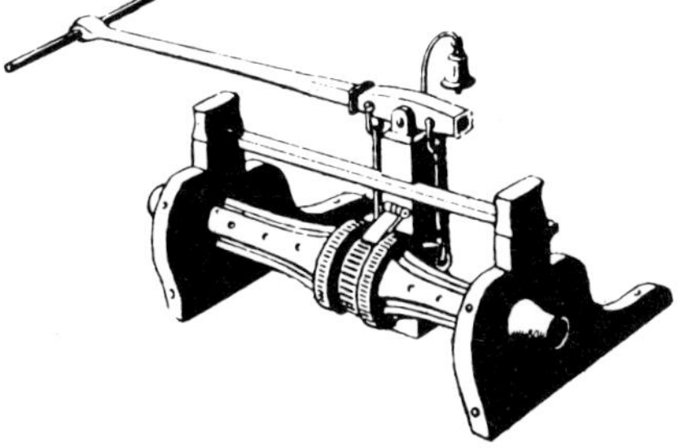

Damit das Spill nicht zurückdrehen konnte, griffen Pallen in die Grundplatte oder in Zahnringe ein und sperrten dieses, damit das Spill nur in einer Richtung drehbar war. Auf kleineren Schiffen wurden Bratspills verwendet, die waagrecht angeordnet waren. Oft standen diese Bratspills in Verbindung zu einer Nagelbank oder dem Glockenhaus oder Glockengalgen. Von diesem aus griffen die Pallen oft auf das Spill, um das entgegengesetzte Drehen zu verhindern. Die Spillspaken wurden hier senkrecht eingesetzt und ermöglichten eine Drehung bis zur Decksoberfläche, danach mußten die Spaken neu eingesetzt werden. Spillspaken müssen Sie übrigens nicht zeigen, denn sie wurden erst bei Gebrauch in den Spill eingesetzt.

Speigatten

Speigatten dienten dazu, bei hohem Seegang übergelaufenes Wasser wieder von Deck ablaufen zu lassen. Ich kenne sehr wenige Modellbaukästen, in denen Speigatten vorgesehen sind oder beiliegen. Auf einem guten Modell, vor allen Dingen wenn es im Maßstab 1:50 oder1:75 erstellt wird, sollten Speigatten unbedingt zu sehen sein. Da die Decks nicht nur nach oben, sondern auch vom Bug zum Heck leicht gebogen waren, lagen die Speigatts in der Nähe der Schiffsmitte. Die Speigatts reichten vom Wassergang abwärts durch die Beplankung und waren am Ende mit Rückschlagventilen ausgestattet, die meist einfache Lederlappen waren, damit Wasser ab-, aber nicht zulaufen konnte.

Die Speigatts können relativ problemlos selbst hergestellt werden. Im Wassergang genügen binnenbords kleine Bohrungen, die schräg nach unten angesetzt sein sollten (Vorsicht, nicht die Außenbeplankung ruinieren!). Außenbords können Sie kleine, dünne Leistenteilchen verwenden, in die man das Ablaufloch vorsichtig eingebohrt hat.

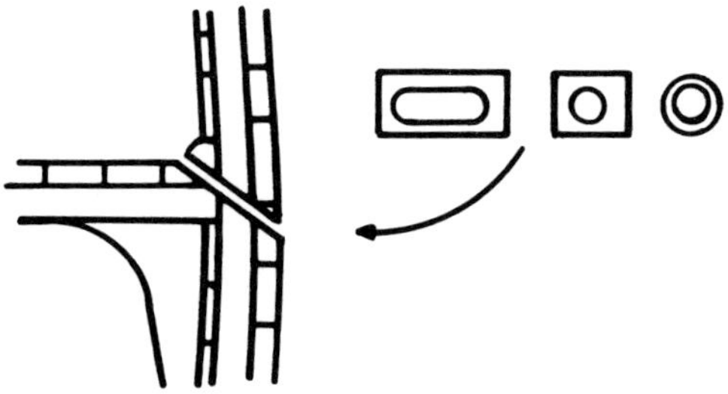

Die Speigatten werden aus dünnen Leisten hergestellt und auf die Außenbeplankung geklebt.
Die Abbildung zeigt drei Arten von Speigatten

Luken

Luken dienten dazu, das Schiffsinnere zum Beladen zugänglich zu machen. Für den Modellbauer bieten diese Teile keine sonderlichen Schwierigkeiten. Wo auf Deck eine Luke, egal welcher Art auch immer, vorgesehen ist, ist das Deck meist schon entsprechend ausgespart. Sie müssen lediglich das Lukensüll (äußeren Lukenrand) aus dünnen vorgesehenen Leisten verkleben sowie eine Auflage aus dünnen Leisten für die Lukendeckel herstellen.

Die Lukendeckel werden dem Bauplan entsprechend hergestellt. Meist setzen sie sich aus mehreren Teilen zusammen. Für das entsprechende Wegheben der Deckel waren meist Ringbolzen befestigt, die dem Baukasten beiliegen oder die Sie selbst herstellen können und die dann schwarz bemalt werden.

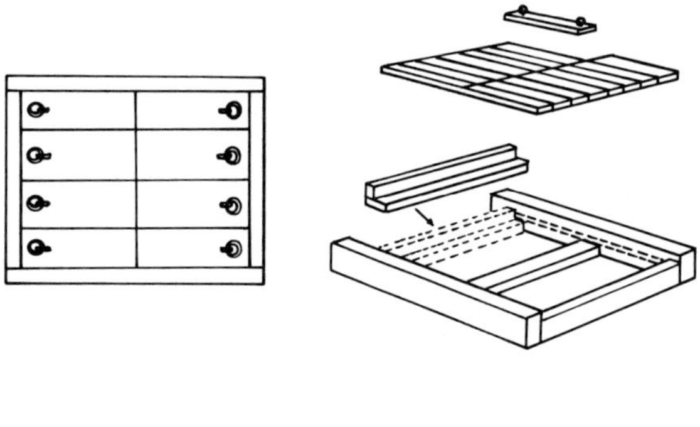

Das Anfertigen einer Luke

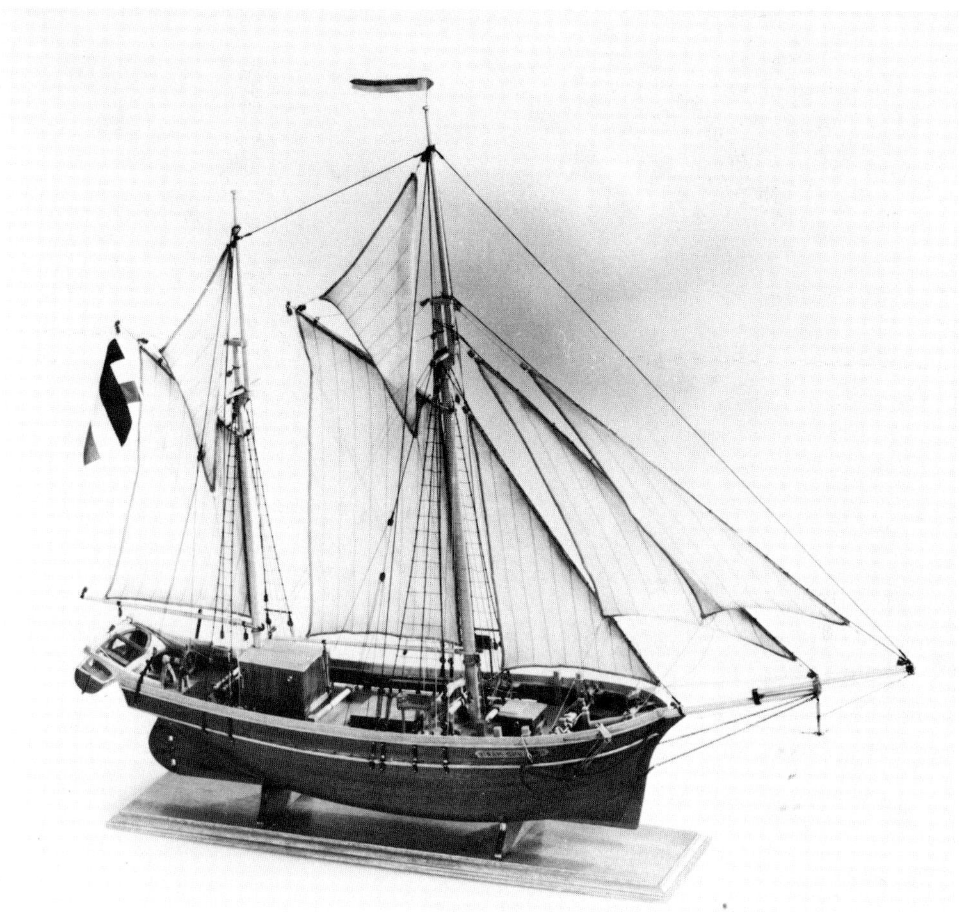

Ostsee-Galeass-Schiff „Karl und Marie“, ein von der Firma Krick entwickeltes Modell mit sehr schöner Linienführung, das ebenfalls für noch weniger geübte Modellbauer geeignet ist

Treppen und Niedergänge

Auch diese Teile liegen, zumindest teilweise vorgefertigt, Ihrem Baukasten bei und geben ebenfalls keine größeren Probleme auf. Wichtig ist nur, daß die Stufenabstände einer maßstäblich passenden Größe entsprechen. Dies kann auch mit dem „Maßstabmännchen“ verglichen werden. Sollten die beigelegten Treppen nicht passen, bleibt Ihnen der Weg ins Fachgeschäft oder die Selbstherstellung nicht erspart. Für die Selbstherstellung empfiehlt sich eine Schablone aus einer etwas stärkeren Leiste, in die man schräge Einschnitte in der passenden Stufenhöhe schneidet und die Stufen lose einsteckt. Die Holme werden dann seitlich angeleimt. Die Treppen müssen an der Ober- und Unterkante angeschrägt sein, um eine genaue Anpassung zu ermöglichen.

Die Treppen von Schiffen im späten 17. Jahrhundert waren auch oft gerundet, ähnlich den heutigen Wendeltreppen. Sollte dies vorgesehen sein, liegen die Teile hierfür dem Baukasten bei und müssen dann aus einzelnen Teilen angepaßt, verklebt und egalisiert werden. Die Treppengeländer dieser Rundtreppen waren oft reich verziert oder voll verkleidet. Genauere Aufschlüsse gibt Ihnen für Ihr Modell der jeweilige Bauplan.

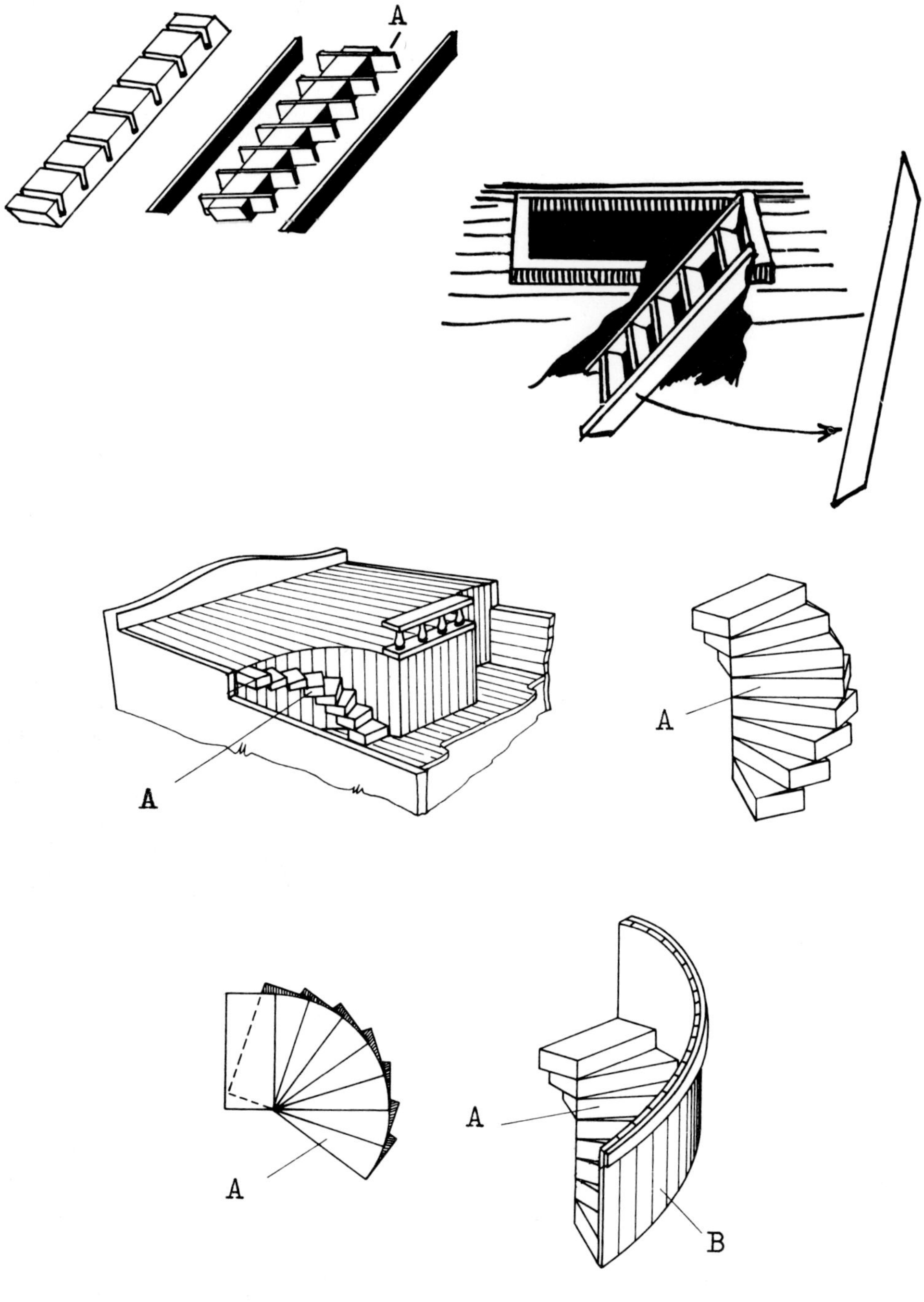

Die Anfertigung von geraden Treppen und Rundtreppen. Bei der geraden Treppe werden die Stufen (A) in die Schablone geschoben und die seitlichen Holme angeleimt. Bei der Rundtreppe werden die Stufen (A) aufeinandergeklebt und die Kanten nach der Trocknung gerundet. Danach wird die Seitenverstrebung (B) angeklebt, die man aus einzelnen Leisten zusammensetzen kann

Bis zum Aufkommen der Dreidecker wurden die Schiffe über Leitern an den Bordwänden bestiegen. Um 1610 wurde dann eine Eintrittspforte in die Bordwand gesetzt, die anfangs nur auf der Backbordseite angeordnet war. Zu diesen Eintrittspforten führten Stufen, die an der Bordwand des Schiffes befestigt waren. Bei einem Dreidecker im Maßstab 1:100 (ich denke hier vor allen Dingen an die „Victory") ist eine ordentliche Befestigung der Trittstufen nicht immer unproblematisch. Setzen Sie eine kleine dünne Leiste unter die Kante zwischen Bordwand und Treppenstufe. Bei den hervorstehenden Barkhölzern muß natürlich die Treppenstufe etwas schmäler gewählt werden, um auf der ganzen Höhe eine einheitliche Trittstufenbreite zu erhalten. Ab etwa 1675 hatten die Dreidecker dann Eintrittspforten an beiden Seiten. Auch einige größere Zweidecker waren mit diesen Eintrittspforten zu sehen.

Eintrittspforte am Rumpf des Dreideckers „Victory" 1805 (Modell des Verfassers im Bau)

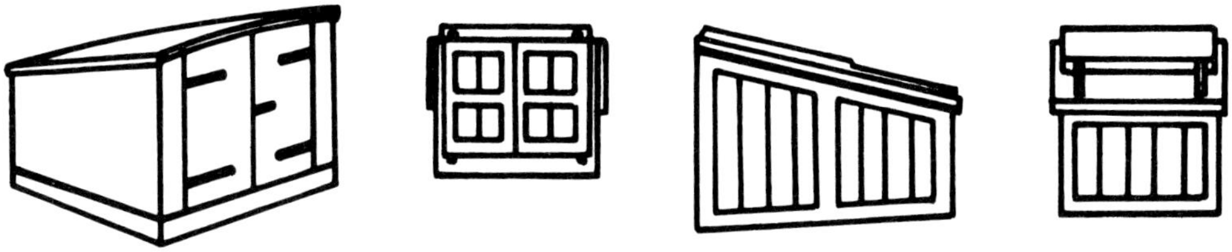

Niedergang. Als Niedergang bezeichnet man eine Treppe, die mit einem wettergeschützten Aufbau versehen ist. Bei kleinen Schiffen sind Niedergänge oft anzutreffen. Der Sockel des Aufbaus war hoch gehalten, damit überkommendes Wasser nicht in die unteren Decks lief. Niedergänge fertigt man am besten aus Vollstücken an, die man dann mit Leisten beklebt

Grätings

Als Grätings bezeichnete man Gitterroste aus Holz, die herausnehmbar waren und dem Dunstabzug beim Abfeuern der Geschütze dienten. Zu diesem Zweck waren sie in größerer Anzahl auf und unter Deck angebracht. Auch bei Bestrafungen wurden Grätings verwendet. Der Missetäter wurde daran festgebunden und erhielt die ihm zugedachte Anzahl an Peitschenhieben. Manche Schiffe, wie z. B. die französische „Saint Louis" 1626, hatten eine durchgehende Grätinganordnung über der Kuhl, um die Besatzung vor herabfallenden Blöcken und Spieren zu sichern und um Enterer zumindest vorübergehend abzuwehren.

Die Herstellung von Grätings wirft für den Modellbauer ebenfalls keine großen Probleme auf, da die vorgefertigten Zahnleisten allen Modellbaukästen beiliegen. Abgesehen davon, können Sie Grätings nicht selbst herstellen, wenn Sie nicht stolzer Besitzer einer Kreissäge sind.

Die baukastenübliche Herstellung der Grätings

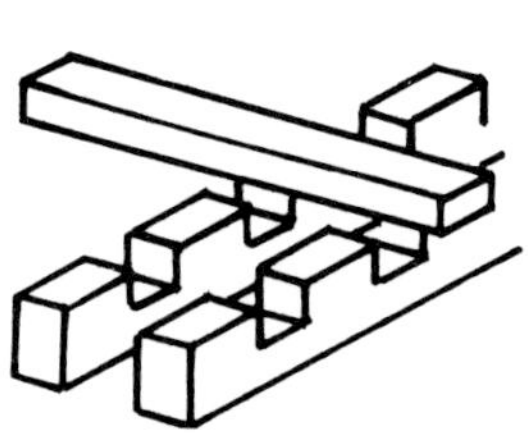

Historisch richtige Herstellung der Grätings mit nur einer gezahnten Leiste. Eingeschnitten sind nur die Querleisten

In vielen Bauanleitungen wird geraten, die Grätings trocken zu montieren und danach in eine stark mit Wasser verdünnte Lösung von Holzleim zu tauchen. Davon rate ich dringend ab. Zum einen hält dies nicht vernünftig, und zum anderen werfen sich die Grätings und werden völlig unbrauchbar, wenn man sie nicht während des Trocknens einspannt. Ich rate Ihnen, die Grätings mit sehr wenig UHU-Hart oder Ponal zu verkleben, und zwar Leiste für Leiste. Sie können das Gräting auf eine völlig glatte Unterlage legen und nach oder während der Montage vorsichtig mit einem Hammer auf die Oberkante klopfen, damit es völlig gerade wird.

Achten Sie vor allen Dingen bei den Grätings auf die maßstäbliche Größe. Außer bei Baukästen im Maßstab 1:50 sind sie fast alle zu groß. Die Öffnungen betrugen im Original etwa 5 bis 8 cm im Quadrat. Im Fachhandel sind im Bedarfsfall auch kleinere Grätings bzw. Zahnleisten zu haben. Auch bei dieser Kontrolle leistet das „Maßstabmännchen“ wertvolle Hilfe. Die Grätings sollten erst nach der endgültigen Trocknung auf die erforderlichen Maße zugeschnitten werden. Ansonsten kann es sein, daß sie auseinanderbrechen. Was die Grätings des Galions anbelangt, sollten Sie die genauen Maße erst mit Hilfe einer Kartonschablone ermitteln. Vergessen Sie eine Öffnung für die Bugsprietzurring nicht!

Der Kranbalken

Der Kranbalken war ein schwerer Vierkantbalken, der auf dem Backdeck festgebolzt war und leicht aufwärts außenbords führte. Am äußeren Ende waren oft mehrere Scheiben für die Taue des Ankertakels angebracht. Scheiben für den Kranbalken liegen meist nur den Modellbaukästen im Maßstab 1:50 bei. Ansonsten kann man zwei längliche, nebeneinanderliegende Bohrungen anbringen, durch die das Ankertakel geführt wird.

Der Kranbalken wurde oft von unten oder von der Seite durch kräftige Knie abgestützt. Diese liegen entweder fertig bei oder lassen sich leicht herstellen. Das Ende des Kranbalkens war oftmals mit einem geschnitzten Katzenkopf verziert, weswegen auch der Name Catbalken im Gebrauch ist.

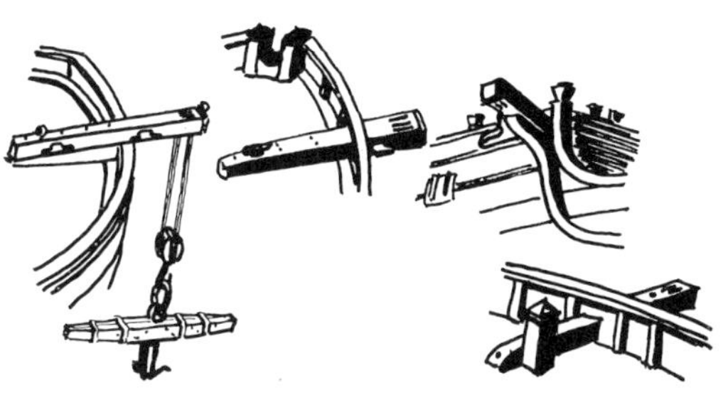

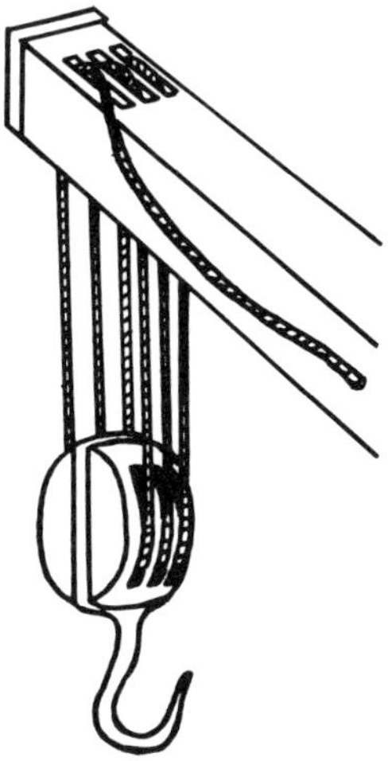

Der Kranbalken. Oben links: Krankbalken und Ankerbefestigung bei einem Schiff aus der Mitte des 19. Jahrhunderts. Oben rechts: geschnitzter Katzenkopf als Verzierung am Kranbalkenende (Cat-head). Unten links: verschiedene Kranbalkenarten. Unten rechts: Tauführung durch den Kranbalken. Am Haken des Blocks wurde der Ankerring eingehängt

Anker und Ankerboje

Seit es Schiffe gibt, gibt es auch Anker. Der Anker war in der Vorzeit eigentlich nicht mehr als ein Steinbrocken, aber schon die Römer machten sich ernsthafte Gedanken um eine wirksame Schiffsbefestigung. Nur leicht abgewandelt, hat der Anker über die Jahrhunderte seinen Sinn und Zweck beibehalten.

Im Modellbaukasten liegen die Anker ebenfalls vorgefertigt bei. Aber mit Sicherheit dürften es nur zwei Stück sein. Dabei führte jedes Schiff mindestens 4 Anker mit sich, meist sogar noch mehr. Große Segelkriegsschiffe hatten 4 Anker, zwei backbord und zwei steuerbord, in den Fockrüsten hängen. Genauso sollten Sie es auch darstellen. Sie können sich im Fachgeschäft nochmals zwei der gleichen Anker dazukaufen, sollten jedoch sehr genau darauf achten, daß die dazugekauften Anker auch derselben Epoche wie Ihr Schiffsmodell angehören.

Die beigelegten oder separat zu kaufenden Anker bestehen meist aus Einzelteilen, das heißt, der Ankerstock und der Ankerring müssen mit dem Ankerschaft verbunden werden. Der Ankerring wird lediglich eingehängt, während der Ankerstock mit dem Schaft verklebt wird. Der Ankerring war mit einem Tau gekleidet, und das sollte man unbedingt darstellen. Verwenden Sie hierzu dünnen schwarzen Faden, den sie spiralförmig um den Ankerring wickeln.

Der Ankerstock war in der Regel mit 4 Stockbändern versehen, die auf vielen Modellen schlichtweg vergessen werden. Sie können hierzu entweder etwas stärkeres Papier verwenden, das Sie schwarz bemalen, oder Sie führen die Stockbänder mit Tauen aus, wie das aus der Abbildung hervorgeht.

Verschiedene Anker im Deutschen Museum, München

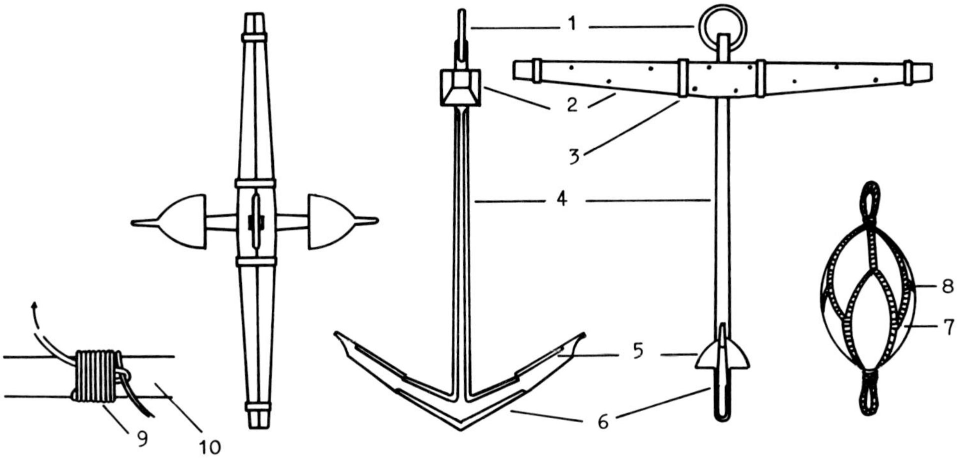

Anker und Ankerboje:
1 Ankerring
2 Ankerstock
3 Stockband
4 Ankerschaft
5 Flunken
6 Ankerarme
7 Ankerboje
8 Sicherungstaue der Boje
9 Tauausführung der Stockbänder
10 Ankerstock

Bugansicht der französischen Schebecke „Trois Lis“. Die Ankerflunken wurden einfach über die Reling gehängt (Corel- Modell des Verfassers)

Die Ankerbojen dienten zum Auffinden des Ankers. Sie liegen kaum einem Modellbaukasten bei, sollten aber ebenfalls zumindest im Maßstab 1:75 oder 1:50 zu sehen sein. Die Ankerboje war einerseits am Ankerschaft befestigt und andererseits an der Unterkante der Fockrüsten aufgehängt. Man kann sie relativ einfach aus einer Vierkantleiste schnitzen.

Bei kleinen Schiffen lagen die Anker entweder an Deck oder wurden einfach mit den Flunken an der Reling eingehängt.

Das Ankertau, das mit Sicherheit ebenfalls Ihrem Baukasten beiliegt, muß nun dunkel eingefärbt werden, da es im Original geteert war. Legen Sie das Tau hierzu über Nacht in Nußbaum-Beize (dunkel). Am nächsten Tag kann das Tau herausgenommen und getrocknet werden. Der Fön hilft bei der Beschleunigung dieser Arbeit.

Um das Ankertau in den Ankerklüsen zu befestigen, gehen Sie folgendermaßen vor: Bestreichen Sie die letzten 1,5 bis 2 cm des Ankertaus mit Sekundenkleber. Dieses Stück wird dann ziemlich hart und kann dann nach dem Trocknen nochmals kurz bestrichen und in die Klüse eingeführt werden. Sie sollten darauf achten, daß das verklebte Stück völlig in der Klüsenöffnung verschwunden ist.

Das Ankertau wurde am Ankerring mit dem Ankerstek befestigt. Wie das auszusehen hat, geht aus nachfolgender Abbildung oder aus Ihrem Bauplan hervor.

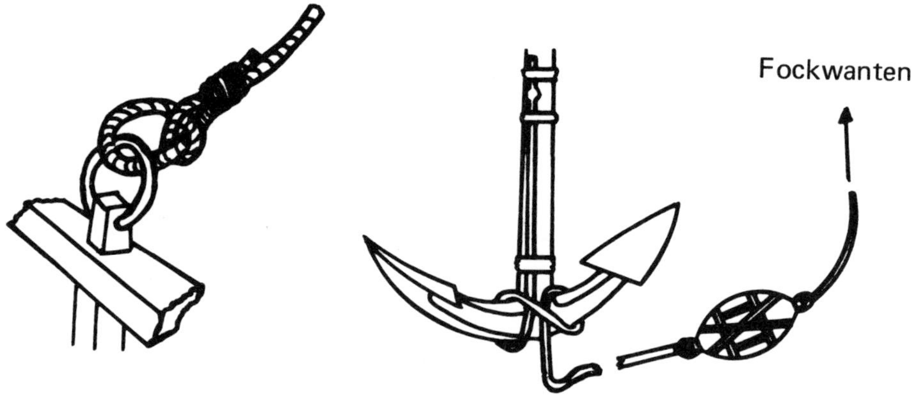

Links: Ankerstek
Rechts: Anbringen des Bojentaus am Ankerschaft eines kleineren Schiffes. Bei größeren, schwereren Ankern wurde das Bojentau noch mit einem zusätzlichen Schlag vom Ankerring ausgehend gesichert

Knechte

Das Heißen der schweren unteren Rahen wurde mit Knechten bewerkstelligt, die aus Vierkanthölzern gebaut waren. In das Fußteil des Knechtes wurden eine oder mehrere Scheiben eingelassen, durch die die Taue (Fallen) geführt wurden. Das Kopfteil der Knechte war im 17. Jahrhundert mit einem geschnitzten Kopf zum Belegen des Taues versehen. Danach war das Kopfteil konisch, vierkant oder sechskant ausgeführt. Die Herstellung der Knechte ist relativ problemlos. Vierkanthölzer hierfür liegen Ihrem Baukasten bei. Das Kopfteil kann, dem Vorbild entsprechend, mit dem Bastlermesser eingekerbt und zugeschnitten werden, oder man kann das Oberteil auch als Kopfteil schnitzen, was man vorher allerdings üben sollte.

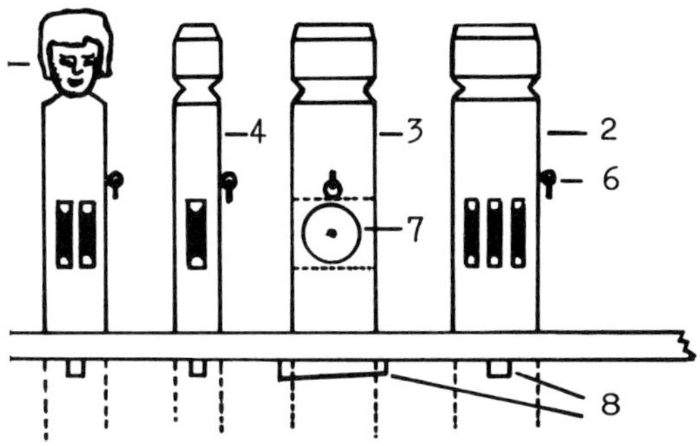

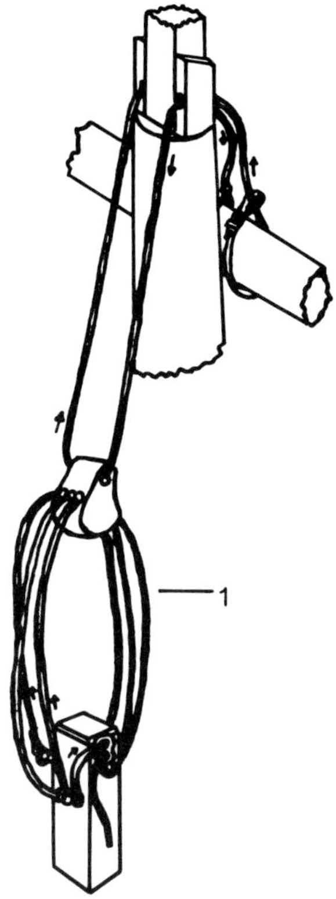

Knechte:
1 Zweck des Knechtes
2 Dreischeibenknecht
3 Dreischeibenknecht – Seitenansicht
4 Einscheibenknecht
5 Zweischeibenknecht (17. Jahrhundert)
6 Ringbolzen
7 Scheibe
8 Verbolzungskeil

Scheiben in den Knechten müssen Sie, außer vielleicht im Maßstab 1:50, nicht zeigen. Es genügen entsprechende Bohrungen, die mit dem Bohrer etwas horizontal erweitert werden. Die Knechte reichten im Originalschiff bis in die unteren Decks und waren dort mit Keilen verbolzt. Das muß man natürlich am Modell nicht tun. Sie können den Knecht an die entsprechende Stelle halten und mit einem Bleistift die Lage markieren. Danach schneiden Sie mit dem Bastlermesser an dieser Stelle die Decksplanke weg, so daß eine quadratische Öffnung für den Knecht entsteht. Dieser wird dann mit Holzleim verklebt und hält die ihm zugedachte Belastung üblicherweise auch aus.

Mastbetinge und Nagelbänke

An Fockmast, Großmast und zuweilen auch am Besanmast standen die sogenannten Mastbetinge, die ebenfalls, wie die Knechte, Scheiben im Fußteil und geschnitzte Köpfe bzw. eingekerbte Oberteile zum Befestigen des laufenden Gutes hatten. Sie waren durch Nagelbänke verbunden, starke Bretter also, die Öffnungen für die Belegnägel hatten. An diesen wurde ebenfalls das laufende Gut belegt.

Nagelbänke waren auch seitlich an den Bordwänden befestigt. Vielfach wird geraten, die Nagelbänke an Bordwänden mit Leim und waagrecht durchgehenden Stiften zu befestigen, was allerdings sehr problematisch ist und auch nicht viel besser hält. Ich rate Ihnen, unter die Nagelbank, in die Ecke zwischen dieser und der Bordwand, kleine, der Länge der Nagelbank entsprechende Vierkantleistchen zu kleben, selbst wenn dies historisch ein bißchen „geschummelt" ist. Abgesehen davon, sieht man das später durch die über der Nagelbank hängenden aufgeschlossenen Taubündel nicht mehr. Natürlich müssen

Sie zuvor die Löcher für die Belegnägel bohren und u. U. die Beize oder Bemalung von der Bordwand im Klebebereich entfernen.

Die Belegnägel liegen dem Baukasten bei. Aber Vorsicht! Oft sind sie maßstäblich zu dick!

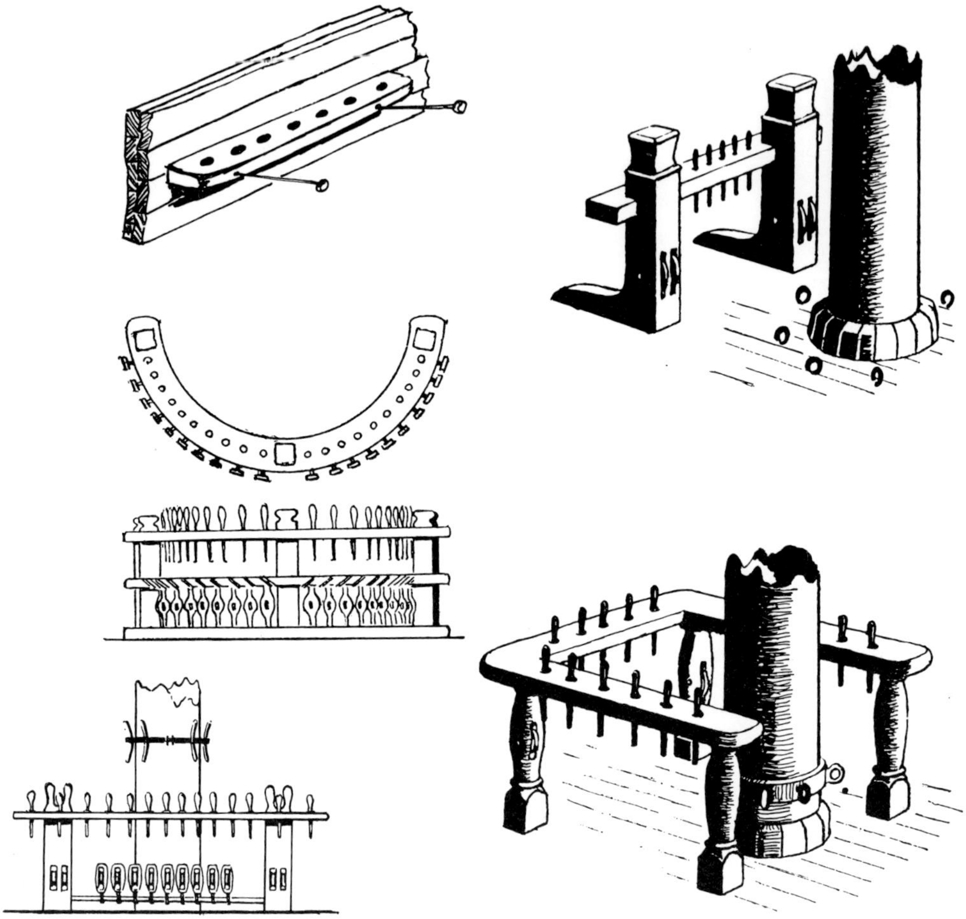

Mastbetinge und Nagelbänke im 18. und 19. Jahrhundert

Kreuzhölzer

Ebenfalls Teile des laufenden Gutes wurden an Kreuzhölzern belegt, die an den Bordwänden befestigt waren. Das laufende Gut führte durch außenbords angebrachte Halsklampen ins Innere und wurde dort an den Kreuzhölzern befestigt.

Kreuzhölzer sind ebenfalls einfach herzustellen; genaue Aufschlüsse über ihre Art und Position gibt Ihnen der Bauplan. Man sollte nur beachten, daß die Kreuzhölzer leicht schräg an der Bordwand befestigt waren.

Kreuzholz und Halsklampe:
1 Großes Kreuzholz – Seitenansicht
2 Großes Keuzholz – Ansicht binnenbords
3 Kleines Kreuzholz
4 Halsklampe (außenbords). Durch das Loch im Maul der Maske lief das Großhals binnenbords und wurde am Kreuzholz belegt

Klampen

Ebenfalls auf Deck und auch in den Wanten kamen Klampen vor, die aber meist bei Baukästen, außer im Maßstab 1:50, überdimensioniert sind. Wenn sich auch in den meisten Fällen die Selbstherstellung durch das Beschlagteil erübrigt, sollte man nicht zögern, z. B. im Maßstab 1:100, die Klampen selbst aus Buchsbaumleisten zu fertigen und dann dunkel zu beizen.

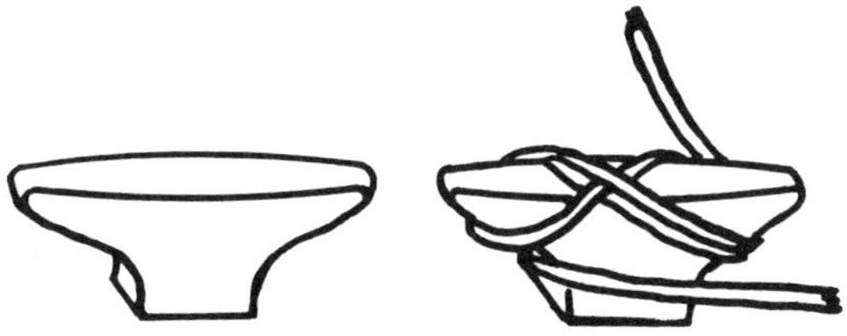

Decksklampe und deren Belegung mit laufendem Gut

Glockenhaus und Schiffsglocke

Die Schiffsglocke diente der Information aller Besatzungsmitglieder über die Uhrzeit. In frühen Jahren der Seefahrt wurden Sanduhren benutzt, die jede halbe Stunde umzudrehen waren und so der Zeitermittlung dienten. Aus dieser Zeit stammt auch noch der Begriff „Glasen“, der über Jahrhunderte verwendet wurde.

Die Position der Schiffsglocke und auch des sie umgebenden Glockenhauses war seit etwa 1600 die Back (Vorderteil des Schiffes). Je nach Größe und Prunk des Schiffes war auch das Glockenhaus ausgebildet. Dies reichte vom einfachen Glockengalgen bis zu einem auf vier Säulen stehenden, reich verzierten Glockenhaus. Die Glocke war an einem Querbalken befestigt und wurde durch die Mannschaft jede halbe Stunde angeschlagen. Die Glocke liegt, wie auch die Teile für das Glockenhaus, dem Baukasten bei. Genauere Informationen gehen aus dem Bauplan hervor.

Auf kleinen Schiffen stand der Glockengalgen oft in Verbindung mit dem Bratspill. Vom Glockenbalken aus griffen oft die Sicherungspallen auf den Spill.

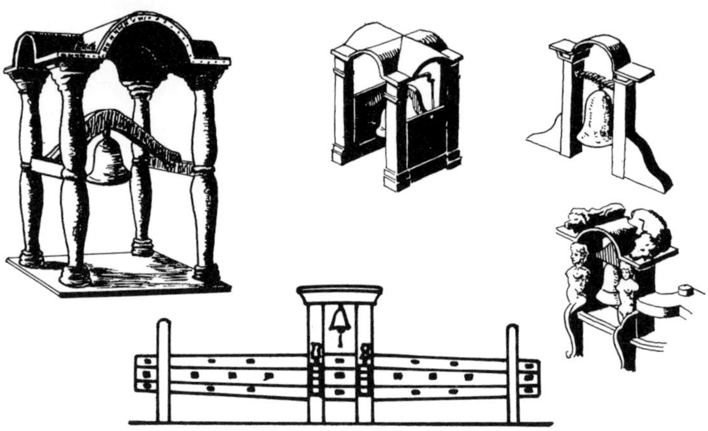

Glockenhäuser und Glockengalgen. Unten: Glockengalgen in Verbindung mit Bratspill

Schrittweise Anfertigung:
A des Glockenhausdaches
B des Glockenhauses

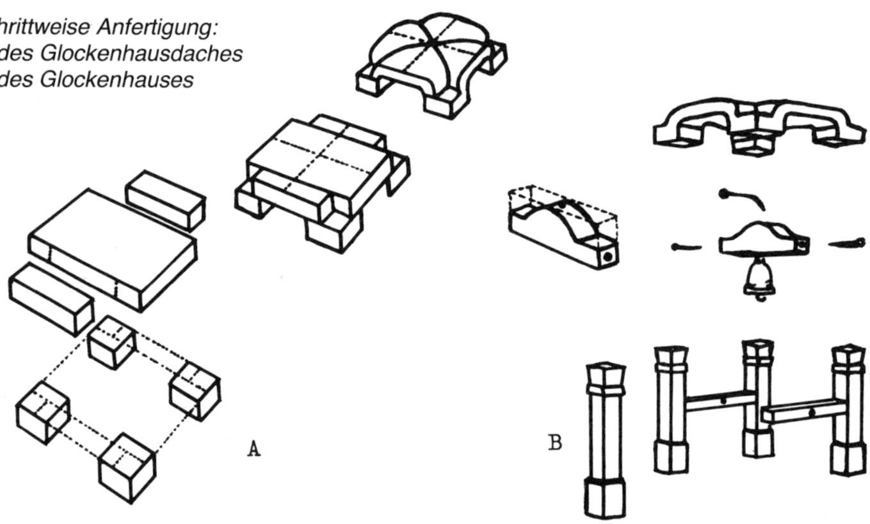

Kombüsenkamin

Die Schiffskombüse unter der Back (vorderstes Deck) wird bei den meisten Modellen kaum sichtbar angeordnet sein. Den Kamin jedoch kann man auf Modellen ab der Zeit von 1680 an ohne weiteres zeigen. Die Kamine hatten in der Anfangszeit viereckige Querschnitte, ab 1800 kamen auch Kamine mit rundem Querschnitt in Gebrauch. Auch hier bereitet die Selbstherstellung keine allzugroßen Probleme. Viereckige Kamine können aus stärkeren Vierkantleisten herausgearbeitet werden, runde aus entsprechenden Rundstäben. Die Rauchabzugsöffnung bohrt man mit einem immer stärker zu wählenden Bohrer aus. Der ganze Kamin – auch die Innenseite – wird schwarz gebeizt oder schwarz bemalt.

Kombüsenkamine:
Links und Mitte: Ende 17. und Anfang 18. Jahrhundert
Rechts: Anfertigung eines Rundkamins aus einem Rundstab

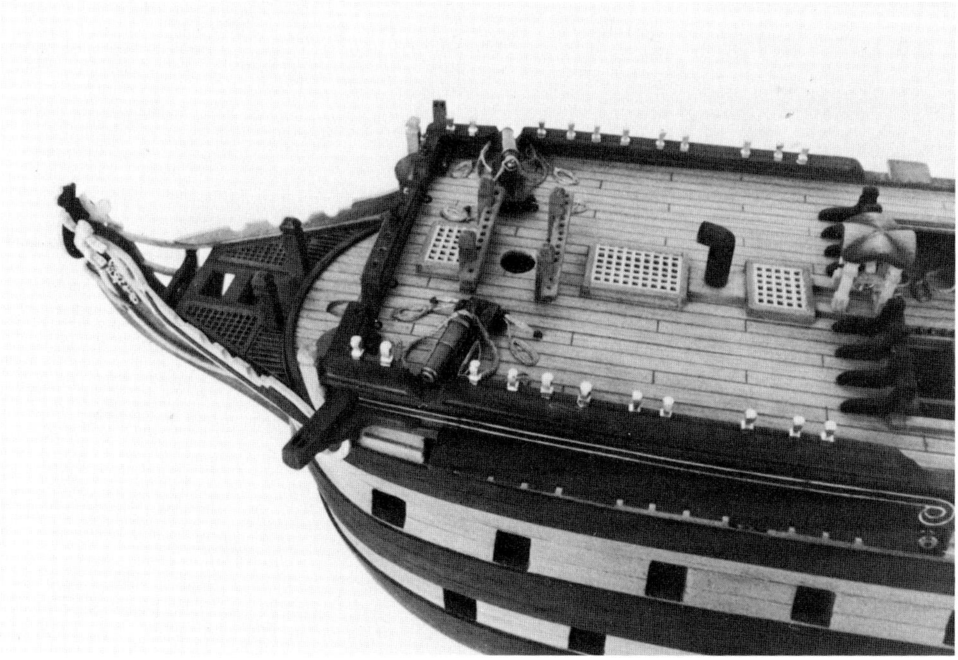

Vorschiff der „Victory“. Zwischen zwei Grätings erkennt man den Kamin, der aus zwei Rundstabstückchen hergestellt wurde (Corel-Modell des Verfassers im Bau)

Schiffslaternen

Diese Teile liegen ebenfalls – Gott sei Dank – Ihrem Baukasten bei, denn die Herstellung einer wirklich originalgetreuen Schiffslaterne ist schwierig. Sollten die beigelegten Heck- oder Marslaternen wirklich zu scheußlich sein, können Sie sich im Fachhandel nach geeigneten Stücken umsehen. Denn hier werden zuweilen auch qualitativ sehr gute Stücke, meist aus italienischer Produktion, angeboten. Die Laternen, vor allem bei barokken Schiffen, waren reichlich verziert.

Sie können sich selbstverständlich auch gerne selbst an den Laternen versuchen und so zusätzliche Erfahrungen sammeln. Eine Möglichkeit wäre, den Kern aus einer Vierkantleiste oder einem Rundstab herauszuarbeiten und nach der Bemalung mit dunkelblauer Farbe vorsichtig mit Cellon-Folie zu bekleben. Die einzelnen Glashalterungen und Schmuckelemente können dann aus dünnen Leistchen gefertigt und aufgeklebt werden. Dieser Aufwand scheint mir aber allenfalls im Maßstab 1:50 gerechtfertigt.

Verschiedene Laternen aus dem 18. und 19. Jahrhundert

Oberlichter

Oberlichter waren, von wenigen Ausnahmen abgesehen, erst im 19. Jahrhundert üblich. Sie dienten besseren Lichtverhältnissen der unteren Decks, vor allen Dingen der Offiziersmesse oder Kapitänskajüte. Aus diesem Grund waren sie meist auch auf dem Achterdeck angeordnet.

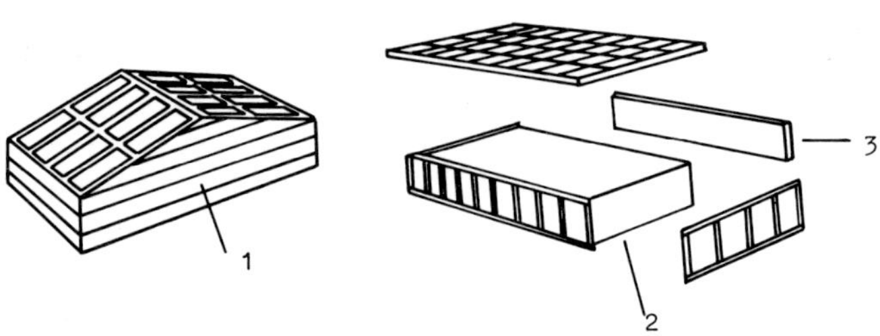

Oberlichter und deren Anfertigung:
1 Beplankungsleisten
2 Holzkern (blau oder beige bemalt)
3 Cellonscheibe oder Folie (wird mit dünnen Leisten beklebt)

Es empfiehlt sich, diese Oberlichter aus vollen, der Größe entsprechenden Holzstücken anzufertigen. Diese werden dann dunkelblau bemalt. Darauf können Sie allseitig Cellonstücke oder Folienstücke aufkleben und die Rahmen aus sehr dünnen Holzleistchen darauf befestigen.

Tierställe

Für die Frischfleischversorgung der Offiziere wurden auch Tiere an Bord gehalten. Während größere Tiere, wie etwa Schweine, unter Deck ihr Dasein fristeten, waren Hühnerställe durchaus auch auf Deck angebracht. Die Tierställe können Sie, wie auch die Oberlichter, aus vollen Holzstücken anfertigen, die dann ebenfalls blau oder auch weiß bemalt werden.

Zur Darstellung des Gitters können Sie schwarzen Faschingstüll verwenden oder auch schwarz eingefärbten Verbandsmull, der dann allseitig auf dem eingefärbten Holzstück vorsichtig verklebt wird. Die Rahmen des Stalles können Sie mit dünnen Leisten darstellen. Diese werden dann auf den Tüll oder Verbandsmull aufgeklebt und sorgsam verschliffen.

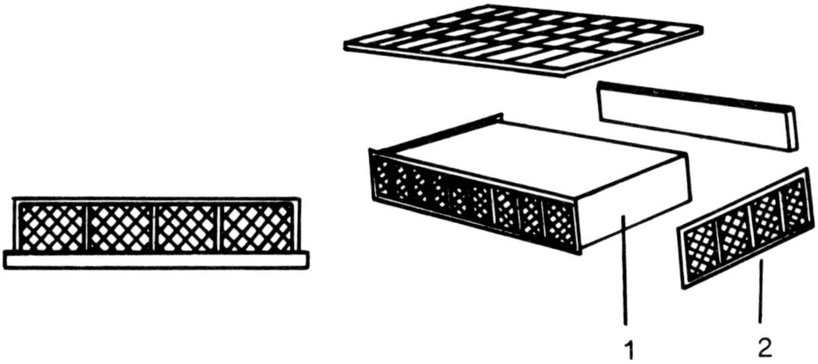

Herstellung eines Tierstalles:
1 bemalter Holzkern
2 Cellonscheibe, beklebt mit Stoffgitter und Leistenteilen

Pumpen

Selbst durch gründliche Kalfaterung konnte nie ganz verhindert werden, daß Holzschiffe mehr oder weniger leckten. Auch überkommendes Seewasser tat seinen Teil dazu. Aus diesem Grund mußte das Wasser natürlich wieder abgepumpt werden.

Pumpen liegen Ihrem Modellbaukasten in der Regel ebenfalls bei. Sie sind jedoch mit einiger Vorsicht zu genießen, und es ist sehr sorgfältig zu prüfen, ob z. B. die Pumpenschwengel in einer realen Bedienungshöhe angebracht sind (Maßstabmännchen), und ob die Pumpe der Epoche Ihres Schiffes entspricht.

Bis zum 19. Jahrhundert wurden hölzerne Handpumpen verwendet, die ein säulenartiges Aussehen hatten. Sie waren aus einzelnen, ringsum angeordneten Brettern gefügt, die mit Eisenringen zusammengehalten wurden. Erst im 19. Jahrhundert kamen Balancierpumpen oder Radpumpen auf. Eine Balancierpumpe gehört also keinesfalls auf einen Dreidecker des 17. Jahrhunderts.

Wenn Sie die Pumpen selbst herstellen möchten, können Sie den Pumpenkörper aus einem Rundholz schneiden und mit Leistchenteilen rundum bekleben. Den Pumpenschwengel, Lager und Abfluß können Sie dann aus Holzteilen aussägen und ankleben. Eisenringe werden mit dünnem, schwarz bemaltem Karton dargestellt.

Der Aufstellungsort für die Pumpen war vor dem Groß- oder Besanmast, etwas seitlich zur Mitte angeordnet, so daß das Rohr direkt in die Bilge (tiefste Stelle des Schiffes) reichte. Die Pumpen also nicht direkt mittschiffs verkleben, sonst würde man mit dem Rohr im Original ja das Kielschwein treffen.

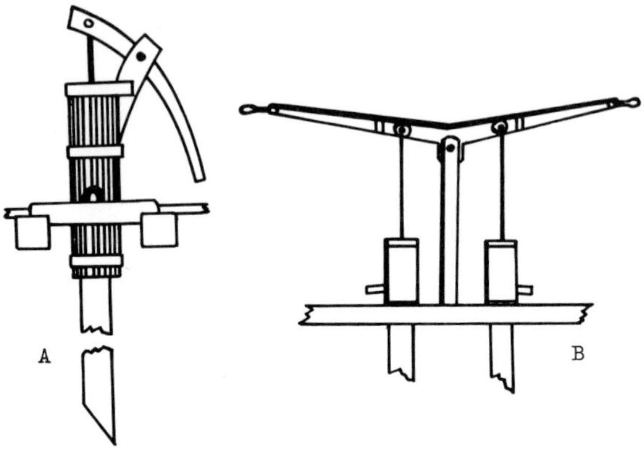

Pumpen:
A Pumpe, 14. bis 19. Jahrhundert
B Balancierpumpe, 19. Jahrhundert

Finknetze

Die Finknetze dienten dem Schutz der Besatzung bei Seegefechten und wurden etwa ab der Mitte des 18. Jahrhunderts verwendet. Sie waren auch Verstauungsort für die Hängematten der Matrosen. Die gestauten Hängematten konnten manche Musketenkugel oder manchen Holzsplitter abweisen, Kanonenkugeln waren sie natürlich nicht gewachsen. Die Finknetze wurden an U-förmigen Finknetzgabeln befestigt, die bei einigen Schiffen durchgehend vom Bug bis zum Heck liefen. Durch die oberen Enden der Gabel führten Taue von einer Gabel zur anderen.

Wenn Finknetze für Ihr Modell vorgesehen sind, liegen die Finknetzgabeln schon vorgefertigt bei, meist in Messing. Sollten die Gabeln maßstäblich zu dick sein, was meist vorkommt, können Sie die Gabeln auch aus dünnem Draht selbst anfertigen. Natürlich müssen die Gabeln auch schwarz bemalt werden. Für die Finknetze eignet sich sehr gut schwarzer Faschingstüll, der in größeren Stoffgeschäften erhältlich ist. Auch eine Gar-

Finknetze und Hängematten. Die Hängematten werden leicht nach achtern geneigt eingeschoben

dine mit entsprechenden Maschen wäre geeignet, eingefärbter Verbandsmull ist ebenfalls brauchbar. Diese Materialien bieten sich auch zur Darstellung von Gittern für Tierställe an.

Für die Hängematten eignet sich sehr gut, wie übrigens auch für die Segel, weißer oder cremefarbener Hemdenstoff. Auch zerteilte Papiertaschentücher kann man gut verwenden. Da Matrosen damals nicht unbedingt Vorbilder an Reinlichkeit waren, was man Ihnen unter den damaligen Umständen auch nicht verübeln kann, müssen die Hängematten nicht strahlend weiß, sondern braun-gräulich und fleckig dargestellt sein. Am besten verwenden Sie stark verdünnte Holzbeize oder stark verdünnte grau-braune Farbe (bitte Vorversuche an Abfallstücken durchführen).

Fertigen Sie aus dem vorbehandelten Stoff oder Papier kleine Rollen an, und schneiden Sie jeweils immer 2 bis 2,5 cm lange Stücke ab, die Sie in der Mitte knicken und in die Finknetze einschieben. Der Knick der Hängematten ragt jeweils ein kleines Stück über den Finknetzrand hinaus. Schieben Sie die Hängematten leicht nach achtern geneigt in die Finknetze, wie das auch im Original getan wurde, damit sich der Wind nicht in den Hängematten fing.

Die Finknetze wurden im 19. Jahrhundert durch Kästen ersetzt, was aber bei Baukastenmodellen kaum anzutreffen ist.

Die engl. „Victory“ unter vollen Segeln als Wasserlinienmodell. Sehr schön erkennt man die Leesegel auf der Steuerbordseite

14 Beiboote

Bei keinem Modellbaukasten, den ich kenne, auch bei den teuersten nicht, können die Beiboote, so wie sie beiliegen, ohne Nachbehandlung verwendet werden. Entweder haben die Beiboote eine vorgefräste Schale aus Holz, oder es liegen schlichtweg unproportionierte Kunststoffboote bei, wenn Sie Glück haben mehrere, meistens aber nur eines. Jedes größere Schiff führte aber mehrere Beiboote in unterschiedlicher Größe mit sich. Die Schiffe zogen auch die Boote, z. B. bei Gefechten, hinter sich her, damit die Besatzung nicht von umherfliegenden Splittern der Boote bei Beschuß getroffen wurde.

Wenn Ihr Modellbaukasten ein beigelegtes Holzboot hat, ist die Wandung des Bootes mit Sicherheit viel zu dick. Sie können die Wandung *vorsichtig* sehr dünn zurechtschleifen, den sichtbaren Kiel dann ankleben und das Boot außen und innen mit sehr dünnen Leisten aufplanken. Fertigen Sie die Spanten und den Bodenrost ebenfalls aus sehr dünnen Leisten an. Dann werden Bugteil, Reling und Sitzbänke angeklebt. Bei einem Kunststoffboot, sofern es eine relativ dünne Wandung hat, können Sie ebenfalls so vorgehen, Sie müssen nur zum Verkleben der Beplankungsleisten Kontaktkleber verwenden.

Fraglos das beste und originalgetreueste Aussehen der Boote läßt sich erzielen, wenn Sie die beigelegten Holzboote lediglich als Schablone verwenden und die Rumpfschale aus Polyesterharz herstellen. Spachteln Sie hierzu zuerst den eingefrästen Kielschlitz des Holzbootes mit Holzkitt aus und schleifen Sie die Bootsaußenfläche, damit Sie eine saubere Negativ-Form erhalten. Die Bootsaußenfläche wird dann mehrmals mit Trennwachs oder Trennmittel bestrichen. Fertigen Sie sich nun eine Form aus Pappe, die etwas länger, breiter und höher ist als das Boot selbst. Diese Form wird dann mit Gips bis zum Rand ausgefüllt, und vor dem Abbinden des Gipses wird das Boot in die Form gedrückt.

Nach dem Aushärten können Sie das Boot wieder entnehmen. Streichen Sie nun den Abdruck des Bootes im Gips ebenfalls mehrmals mit Trennmittel aus. Danach wird ein Stück Glasfasermatte in der entsprechenden Größe des Bootes zugeschnitten, mit einem Harz-Härtergemisch bestrichen, in die Form gelegt und darauf wird wieder das Boot gesetzt und evtl. etwas beschwert. Nach dem gründlichen Aushärten haben Sie dann eine sehr dünne Schale, die Sie dann außen und innen aufplanken können. Der große Vorteil dieser Methode besteht in jedem Falle darin, daß die Wandung des Bootes extrem dünn gehalten werden kann, was wesentlich gekonnter und originalgetreuer aussieht. Keine Sorge, genügend Festigkeit hat das Ganze trotzdem.

Lassen Sie sich beim Bau Ihrer Boote viel Zeit, und arbeiten Sie so gründlich wie möglich, denn der Blick erfahrener Modellbauer wandert unwillkürlich sofort zu den Beibooten. Die Boote hatten unterschiedliche Größen und waren oft ineinandergestapelt. Ein Dreidecker sollte daher also mehr als nur ein armliches, kleines Bötchen aufweisen.

Vergessen Sie auch die Bootsausrüstung nicht. Die Bootsriemen können aus dünnen Rundstäben hergestellt werden. Das vordere Riemenblatt wird entweder aus dünnen Leisten ausgesägt und angeklebt, oder Sie klopfen auf einem Schraubstock das Ende des Riemenrundstabes breit, verspachteln dann das breite Ende mit Holzkitt und können nach der Trocknung das Riemenblatt zuschneiden und zuschleifen.

Riemengabeln für die Aufnahme der Riemen stellen Sie aus sehr dünnem Draht her. Einen kleinen Eimer oder ein Süßwasserfäßchen können sie ebenfalls darstellen, wenn Ihr Modell den Maßstab 1:50 aufweist. Das Heckruder ist meist ein einheitliches Stück mit dem sichtbaren Kiel und kann durch Ritzen angedeutet werden. Ruderscharniere werden aufgemalt oder aus dünnem Karton aufgeklebt. Eine Ruderpinne brauchen Sie nicht anbringen, denn diese wurde erst bei Gebrauch des Bootes eingesetzt.

Die Beiboote waren zwischen Fock- und Großmast auf Deck verzurrt. Sie saßen auf Bootsklampen und waren mit Bändern, die kreuzweise über dem Boot lagen, gesichert.

Große Schiffe hatten am Achterdeck auch Heck- oder Seitendavits. Das Heckdavit waren starre Balken, die über den Heckspiegel hinausreichten. Das Boot, meist die Kapitänsgig, war mit starken Haltebändern am Heck befestigt und konnte mittels Takeln am Heckdavit zu Wasser gebracht werden.

Die Seitendavits waren anfangs bewegliche, gerade Balken, später nach oben gerundete, starr befestigte Holz- oder Metallstangen. Die Boote waren hier ebenfalls an Haltebändern befestigt und konnten mit Takeln an den Davits ins Wasser gesetzt werden. Ein Falltau, das durch einen Block am Besanmast geschoren war, brachte die beweglichen Seitendavits in eine günstige Position zum Zu-Wasser-Lassen der Beiboote.

Die Davits werden am Modell aus dem Baukasten beiliegenden Vierkantleisten oder Metallteilen hergestellt. Die beweglichen Seitendavits werden mit durchgehenden Drahtstückchen an der Bordwand befestigt. Genauere Aufschlüsse gibt Ihnen der Bauplan, wenn Ihr Modell so ausgerüstet sein sollte.

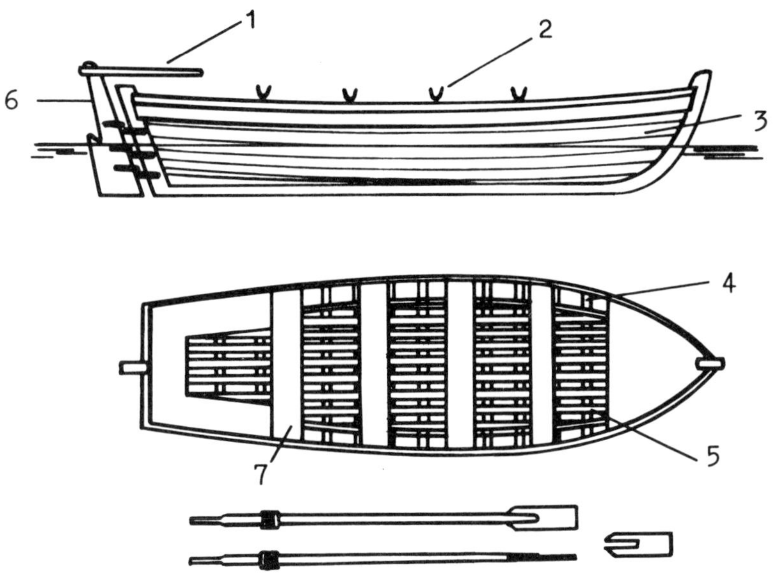

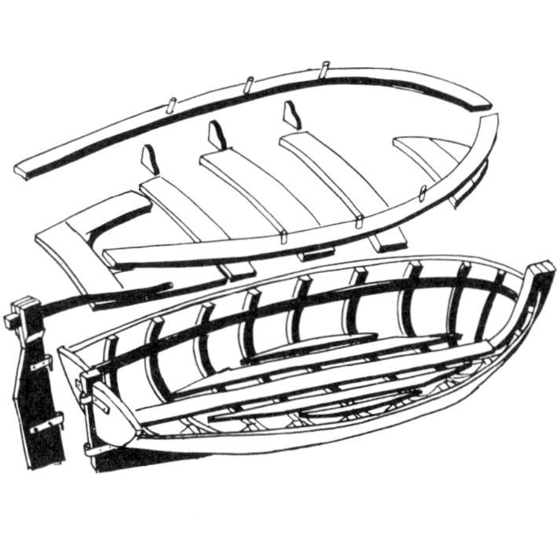

Beiboot:
1 Ruderpinne
2 Riemengabel
3 Beplankungsleisten
4 Bootsspanten
5 Bodenrost
6 Ruderblatt
7 Sitzbank (Ducht)

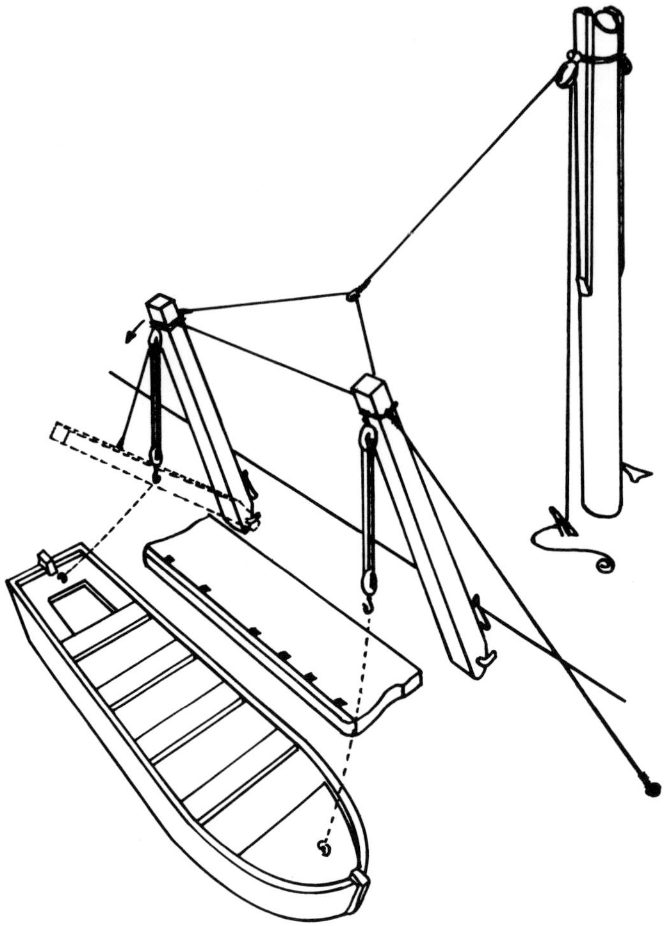

Seitendavits eines Linienschiffes, Ende des 18. Jahrhunderts

15 Die Rumpflackierung

Sie haben nun den Rumpf mit seiner Ausrüstung soweit fertiggestellt. Überprüfen Sie noch einmal, ob auch *wirklich* nichts vergessen wurde. Ausnahmen stellen z. B. die Stückpfortendeckel dar, die sinnvollerweise erst nach den Takelarbeiten befestigt werden sollten, damit sie nicht unbeabsichtigt abgerissen werden.

Ist die Bemalung an allen Teilen des Schiffes korrekt? Sind noch etwaige Leimflecken auf dem Modell, kleine Spalte im Rumpf oder der Beplankung? Dann können Sie sich Gedanken um die Schlußlackierung des Rumpfes machen, denn dieser sollte vor dem Takeln vollständig fertiggestellt sein. Suchen Sie sich einen zugfreien Raum zum Lackieren aus. Lackieren Sie nicht unbedingt an Ihrem Bauort, wenn Sie nicht tagelang den Geruch des Sprays ertragen wollen. Wählen Sie den Ort auch nach seiner Lüftungsmöglichkeit. Zur Schlußlackierung verwenden Sie ein Klar-Mattspray. Prüfen Sie zuvor an einem Abfallstück, ob dieses nach der Trocknung nicht doch einen Glanzeffekt aufweist.

Grundsätzlich kann gesagt werden: Je dünner die Lackschicht auf Ihrem Modell ist, desto besser. Sehen Sie auch nach, daß der Rumpf auf einer staubfreien Fläche liegt, sonst kann es im ungünstigsten Fall passieren, daß durch den Sprühstrahl der Staub hochgewirbelt wird und sich auf dem Modell absetzt. Daß der Rumpf natürlich staubfrei sein muß, versteht sich von selbst.

Spritzen Sie nur, wie gesagt, eine dünne Schicht auf, und halten Sie die Spraydose nicht lange an einen Fleck. Lieber spritzen sie 3 bis 4 sehr dünne Schichten als eine dicke Schicht. Sollten sich beim Besprühen des Modells leichte, abstehende Fädchen bilden, brauchen Sie sich hieran nicht zu stören. Diese können nach dem Trocknen des Sprays mit einem härteren, kleinen Pinsel mühelos entfernt werden.

Warten Sie auch in jedem Falle die endgültige Trocknung ab, selbst wenn Ihnen ein kleines Mißgeschick während des Lackierens passiert sein sollte. Versuchen Sie bitte nicht, tropfenden oder fließenden Lack mit dem Pinsel zu entfernen. Warten Sie, bis alles über Nacht gut durchgetrocknet ist, und schleifen Sie am nächsten Tag das Mißgeschick mit dem Schleifklotz und feinem Schleifpapier vorsichtig ab und sprühen Sie nochmals. In aller Regel ist dann nichts mehr zu sehen.

Sollten Sie die sichtbaren Geschütze des Unterdecks oder die Halbrohre noch nicht eingeklebt haben, können Sie dies jetzt tun.

„Piet Hein", ein kleinmaßstäbliches Modell einer holländischen Fleute aus dem Steingraeber-Programm

16 Die Bemastung

Was viele Modellbauer, Anfänger wie auch Fortgeschrittene, am meisten schrecken dürfte, ist die Bemastung und vor allen Dingen die Takelung eines historischen Schiffsmodells. Dabei ist diese Furcht völlig unbegründet, denn alles baut sich, wie auch beim Rumpf, chronologisch auf. Wenn Sie ein kleines Modell, etwa einen Kutter, eine Brigg oder eine Schebecke, als Modell gewählt haben, ist die Bemastung und Takelage natürlich nicht so umfangreich wie etwa bei einem Dreidecker-Linienschiff.

Im Lauf der Zeit wandelte sich die Takelage mehrmals, so daß man natürlich nur allgemeine Hinweise geben kann. Auch änderten Kapitäne die Takelage von Schiffen ihren Bedürfnissen oder Launen entsprechend ab.

Da Masten eine beträchtliche Höhe erreichen konnten, mußten sie bei großen Schiffen aus mehreren Teilen gebaut werden. Auch die einzelnen Mastteile selbst waren aus mehreren Kanteln zusammengesetzt.

Beim Dreimaster bezeichnete man die Masten vom Bug zum Heck gesehen als Fockmast, Großmast und Besanmast. Im 15. und 16. Jahrhundert wurde oft ein vierter Mast, der Bonaventura- oder Schönwettermast gefahren, der im allgemeinen wie der Besanmast getakelt war. Bei spanischen großen Galeonen ist oft der Bonaventuramast zu sehen.

Es gab auch Sonderformen von Schiffen, z. B. die Bombarden, denen der Fockmast gänzlich fehlte und die am Vorschiff große Mörser angebracht hatten. Allerdings waren diese Schiffe dann auch relativ schwierig zu segeln.

Auch die Abstände der Masten voneinander differierten oft sehr stark, deshalb kann eine genaue Information auch nur aus Ihrem Bauplan hervorgehen, und Sie brauchen sich Sorgen dieser Art auch nicht machen, denn die Aufnahmeöffnungen für die Masten Ihres Modells sind ja auf Deck schon genau vorgegeben.

Beachten sollte man allerdings die bugwärtige oder achterliche Neigung der Masten. Der Fockmast stand entweder gerade oder sehr leicht bugwärts geneigt, während der Großmast eine Neigung nach achtern hatte. Manchmal sogar sehr extrem, wie z. B. beim schwedischen Kriegsschiff „Wasa". Der Besanmast war dann noch etwas stärker nach achtern geneigt, ebenso der Bonaventuramast, sofern vorhanden. Der Bugspriet änderte ebenfalls seine Neigung mehrmals im Verlauf der Jahrhunderte, so daß wir hier nur jeweils vom einzelnen Modell ausgehen können.

Die nachfolgende Skizze soll Ihnen die Namen der Masten und Rahen auf einem Schiff um 1630 aufzeigen.

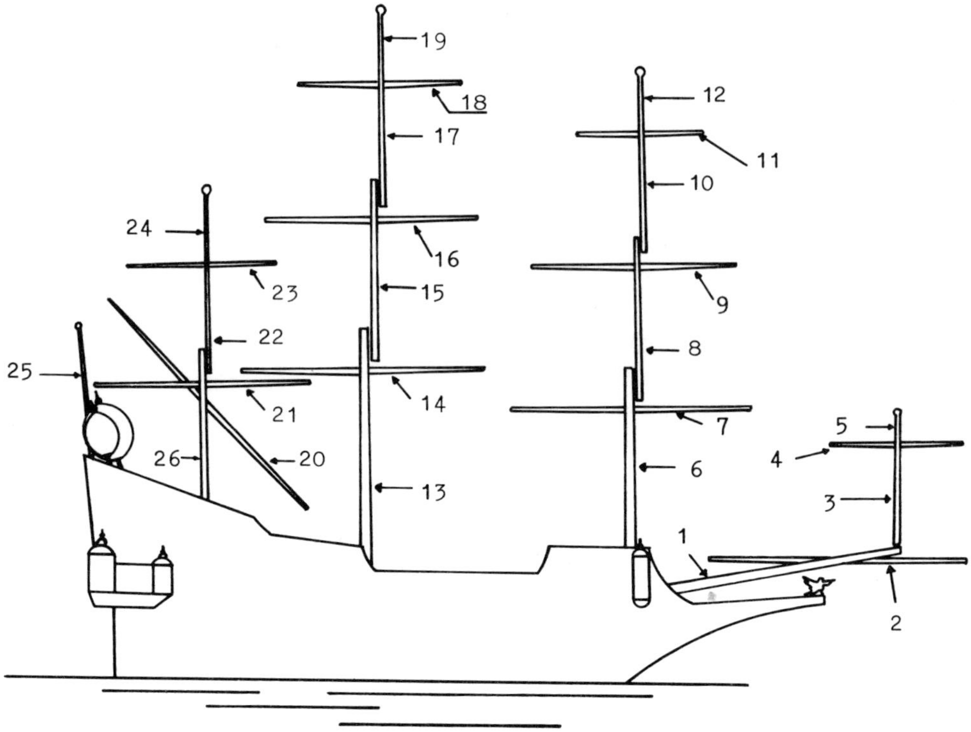

1 Bugspriet
2 Blinderah
3 Sprietmast
4 Oberblinderah
5 Flaggenstock
6 Fockmast
7 Fockrah
8 Fockstenge
9 Vormarsrah
10 Vorbramstenge
11 Vorbramrah
12 Flaggenstenge
13 Großmast
14 Großrah
15 Großstenge
16 Großmarsrah
17 Großbramstenge
18 Großbramrah
19 Flaggenstenge
20 Besanrute
21 Bagienrah
22 Kreuzstenge
23 Kreuzrah
24 Flaggenstenge
25 Flaggenstock
26 Besanmast

Bei einem Großsegler des 19. Jahrhunderts wurden Masten und Rahen wie folgt bezeichnet:

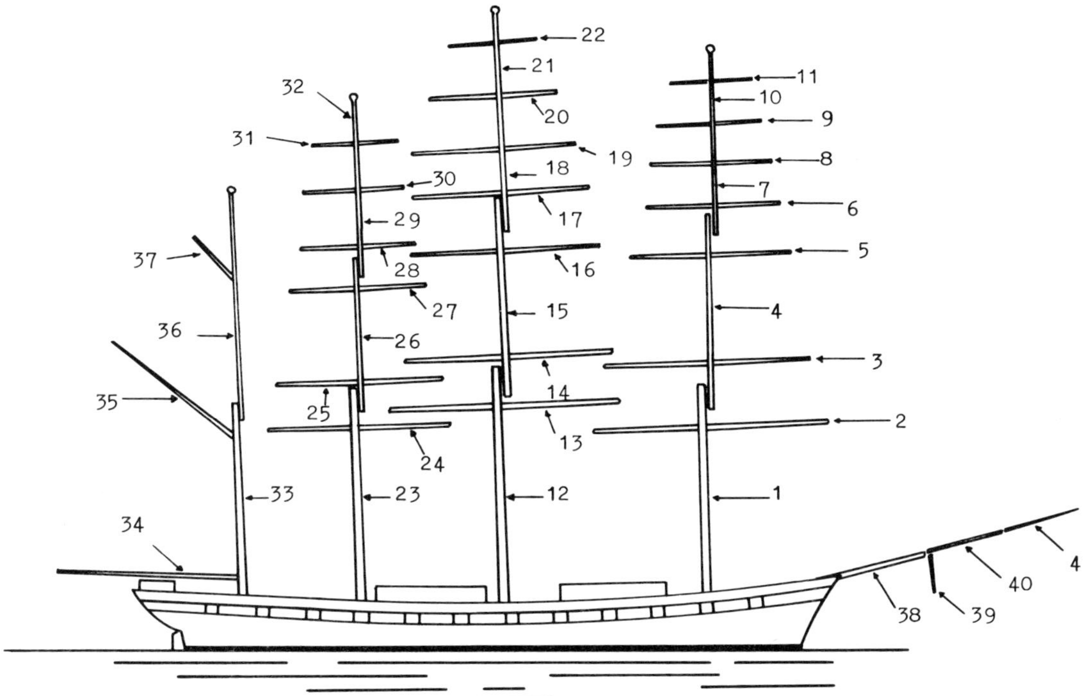

1 Fockmast
2 Fockrah
3 Fockuntermarsrah
4 Vormarsstenge
5 Vorobermarsrah
6 Vorunterbramrah
7 Vorbramstenge
8 Voroberbramrah
9 Vorroyalrah
10 Vorroyalstenge
11 Vorskyrah
12 Großmast
13 Großrah
14 Großuntermarsrah
15 Großmarsstenge
16 Großobermarsrah
17 Großunterbramrah
18 Großbramstenge
19 Großoberbramrah
20 Großroyalrah
21 Großroyalstenge
22 Großskyrah
23 Kreuzmast
24 Kreuzrah
25 Kreuzuntermarsrah
26 Kreuzmarsstenge
27 Kreuzobermarsrah
28 Kreuzunterbramrah
29 Kreuzbramstenge
30 Kreuzoberbramrah
31 Kreuzroyalrah
32 Kreuzroyalstenge
33 Besanmast
34 Besangaffelbaum
35 Besangaffel
36 Besanmarsstenge
37 Flaggengaffel
38 Bugspriet
39 Stampfstock
40 Klüverbaum
41 Außenklüverbaum

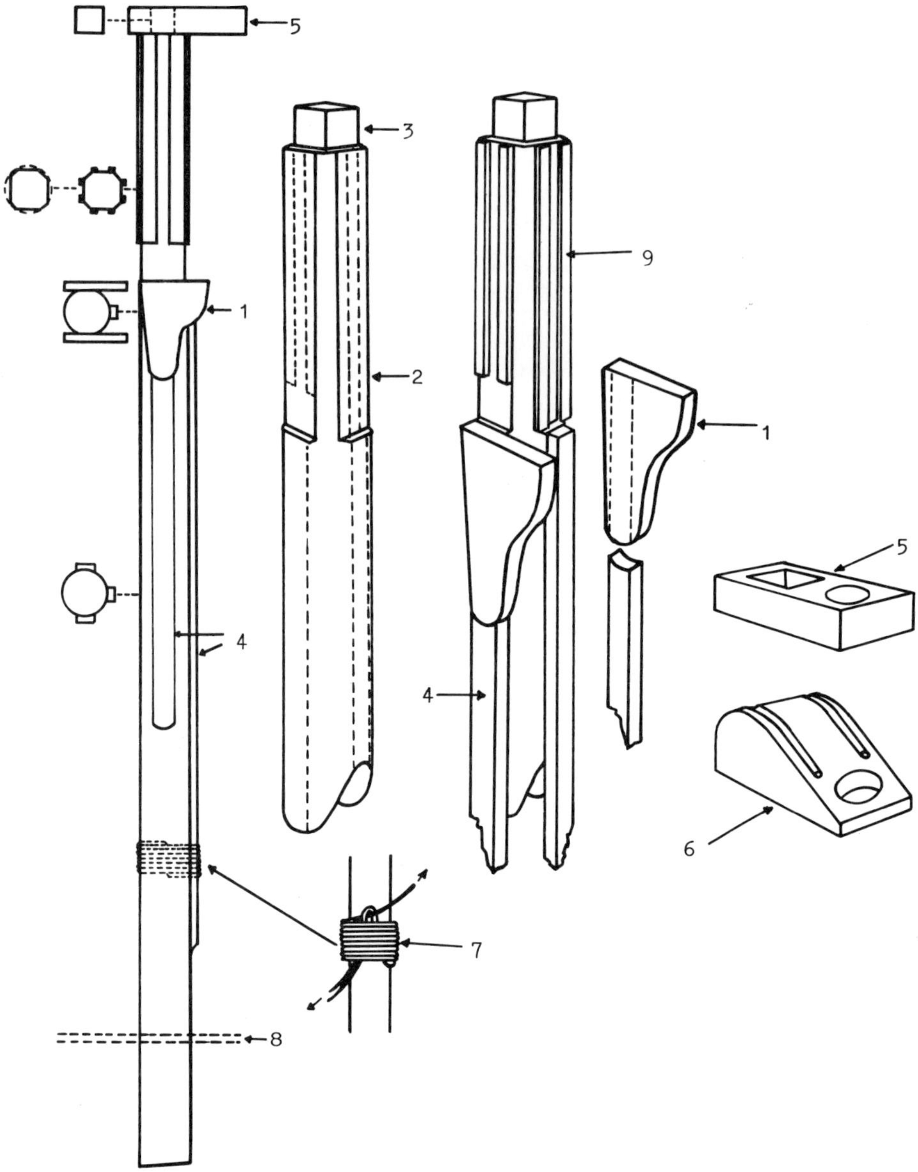

Fockmast eines Linienschiffes, Ende des 18. Jahrhunderts:
1 Mastbacken
2 vierkantig zugeschliffener Masttopp
3 vierkantiger Einlaßzapfen für das Eselshaupt
4 Polster
5 Eselshaupt, englische Form
6 Eselshaupt, kontinentale Form
7 Mastbandage (Wuling). Alternativ Eisenbänder ab ca. 1800
8 Deckslinie
9 Masttopp-Scheuerleisten

Mastbau

Ihrem Modellbaukasten liegen die Masten in Form von Rundstäben, meist aus Buchenholz, bei. Die Untermasten waren beim Originalschiff in der Mastspur auf dem Kiel befestigt. Sie waren in diesem Bereich vierkantig, was jedoch bei einem Modell natürlich ohne Belang ist, da die Mastaufnahme von Modellen ja knapp unter Deck, meist auf einem Spant oder in einem Füllstück ist. Auch der Masttopp (das obere Ende des Mastes) war vierkantig ausgeführt, was bei Baukästen gerne vergessen wird, wenn man nicht der Bauanleitung folgt.

Die Masten laufen zum Topp hin konisch zu. Diese Arbeit können Sie mit einem kleinen Taschenhobel bewerkstelligen. Wenn Sie die Rundstäbe auf eine gerade Unterlage legen und mit der Hand hin- und herrollen und gleichzeitig abhobeln, kommen Sie langsam der konischen Form näher. Wieviel Material abgenommen werden muß, geht aus Ihrem Bauplan hervor. Vergleichen Sie daher immer wieder zwischendurch den Rundstab mit der Skizze des Bauplans. Die Feinbearbeitung erfolgt mit Schleifpapier.

Der vierkantige Masttopp wird mit einer feinen Feile herausgearbeitet. Sie müssen auch eine Aufnahmemöglichkeit für das Eselshaupt herstellen, das in die Spitze des Masttopps eingelassen ist. Das Eselshaupt stellte die Verbindung des Mastes mit der Stenge dar. Man unterscheidet die englische Form, die ein flaches Rechteck darstellte, oder die kontinentale Form, die auf der Unterseite glatt und auf der Oberseite gewölbt war. Hier verliefen auch Rillen mit entsprechenden Löchern für die Fallen der Unterrahen.

Die Mastbacken waren seitlich unterhalb des Masttopps angebracht und gaben den Salingen eine Auflage, auf denen wiederum die Mars befestigt war. Da die Untermasten aus mehreren Stücken bestanden und zusammengesetzt waren, wurden sie mit Tauwulingen, später mit Eisenreifen zusammengehalten. Seitlich und bugwärts waren an den Untermasten auch Polster angebracht, die das Scheuern der Rahen am Mast verhindern sollten.

Für die Wulinge verwenden Sie Tau, das Sie vorher mit Beize im Farbton Nußbaum dunkel oder schwarz vorbehandelt haben. Für die Eisenringe kann man Karton, der schwarz bemalt wird, verwenden. Die Polster werden aus Leisten gefertigt, die ebenfalls sehr dunkel gebeizt werden können. Den Mast selbst sollte man im Naturfarbton belassen.

Die lateinbesegelten Schiffe des Mittelmeeres wie Galeeren, Schebecken u. ä. hatten einteilige, relativ kurze Masten, an denen am Masttopp ein Scheibenkasten mit mehreren Scheiben befestigt war, durch den die Fallen für die Rah geschoren wurde. Bei Schebekken ist die stark bugwärtige Neigung des Fockmastes charakteristisch. Die Wanten waren mit leicht lösbaren Knebeln versehen, um das schnelle Umsetzen der Rah zu gewährleisten.

Die Saling

Als Saling bezeichnet man rechteckige, ausgesparte Balken, die, kreuzweise übereinandergelegt, die Auflage für die Mars bildeten oder bei der Stengensaling die Bramwanten führten.

Zur Herstellung der Saling benützt man die im Baukasten vorgesehenen Leisten. In die Teile der Längs- und Quersaling schneidet man jeweils die Aufnahmen füreinander ein. Da die Quersaling bei manchen Schiffen leicht nach achtern gebogen war, können hierzu auch Buchenbiegeleisten verwendet werden, oder Sie weichen die vorgesehenen Leisten vor dem Biegen in heißem Wasser oder ggf. in Salmiak ein.

In der Mitte der Längssaling war auf der Oberkante ein abgerundetes Polster befestigt, welches das Aufscheuern der Wanten verhindern sollte. Man sollte darauf achten, daß die Längssalinge völlig parallel zueinander angeordnet sind und daß sie gut auf den Mastbacken aufliegen. Der später zu montierende Stengenfuß muß sicheren Halt zwischen den Längssalingen finden. Die Leisten der Salinge sollten auch keine Bohrlöcher der Mars, etwa für die Juffern der Marswanten, verdecken oder längenmäßig gar über den Marsrand hinausstehen.

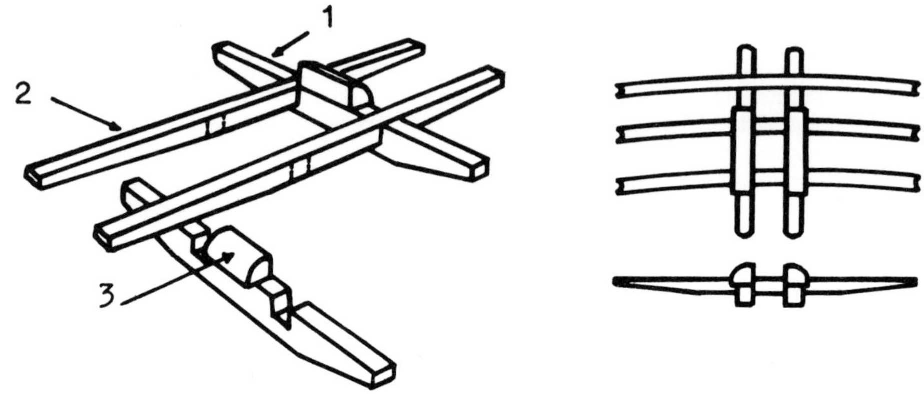

Die Saling. Rechts ist eine Stengesaling abgebildet:
1 Längssaling
2 Quersaling
3 Polster für die Wanten

Die Mars

In der frühen Seefahrt bestand die Mars, auch Mastkorb genannt, aus einer Plattform mit mehr oder weniger hohem Rand, der entweder voll oder als Gitterwerk ausgeführt war. Die Mars diente als Ausguck oder als Gefechtsstand, von dem aus man von höherer Ebene in das Kampfgeschehen eingreifen konnte.

Die runde Form wurde bis zum Ende des 17. Jahrhunderts beibehalten. Danach hatte die Mars eine rechteckige Form, die an der Vorderseite elliptisch gerundet war. Der Marsrand war sehr niedrig, eigentlich nur noch eine stärkere, umlaufende Leiste. Auf dem Marsboden waren Rippen angebracht, die strahlenförmig zum Marsrand hin liefen. Durch die Mittelöffnung der Mars liefen die Wanten zum Masttopp, wo sie befestigt waren. Die Öffnung war auch gerade noch groß genug, daß sich ein Mann hindurchzwängen konnte. Ängstliche Besatzungsmitglieder wählten diesen Weg, wenn sie sich nicht trauten, über die Püttingswanten die Mars zu besteigen.

An der achterlichen Seite der Mars war im späten 18. Jahrhundert sowie im 19. Jahrhundert eine kleine Reling angebracht. In dieser Zeit wurden auch bevorzugt Scharfschützen oder besonders gute Schützen der Marineinfanterie auf der Mars postiert, die hier mit Gewehren oder kleinen Geschützen beim Nahkampf auf die feindlichen Decks feuerten.

Die Mars liegt Ihrem Baukasten bereits vorgefertigt bei oder ist aufgezeichnet und muß ausgeschnitten werden. Bei Schiffen des 17. Jahrhunderts liegen die runden Marsen bei, die aus tellerartig kopiergefrästen Stücken bestehen. Diese sind auf der Oberfläche meist etwas rauh und sollten feingeschliffen werden. Sie müssen beim Beizen dieser Stücke sehr vorsichtig zu Werke gehen, denn die kopiergefrästen Stücke saugen Beize wie ein Schwamm auf und werfen sich augenblicklich auf. Besonders schlimm wirkt sich das aus, wenn die Mittelöffnung bereits ausgeschnitten wurde. Deshalb vorsichtig beizen und die Öffnung erst *danach* ausschneiden.

Bei den flachen Marsen ist dies alles kein Thema, denn ihr Aufbau ist völlig problemlos. Sie können hier die einzelnen Bodenbretter durch Einritzen oder Nachfahren mit einem Bleistift andeuten oder die Bretter aus dünnen Leisten aufkleben. Der Marsrand kann aus einer Buchenbiegeleiste hergestellt werden, die Strahlen aus dünnen Nußbaumleisten.

Wenn die Masten und Stengen des Modells aus Buchenrundstäben bestehen, erhalten wir einen sehr schönen, historisch richtigen Kontrast, wenn wir den Mast ab den Mastbacken aufwärts, also einschließlich des Masttopps, des davor stehenden Stengenfußes, der Mars und des Eselshauptes, schwarz beizen oder mit lasierender Farbe schwarz bemalen. Das Verkleben der Mars auf der Saling kann mit Hilfe von Sekundenkleber relativ einfach bewerkstelligt werden.

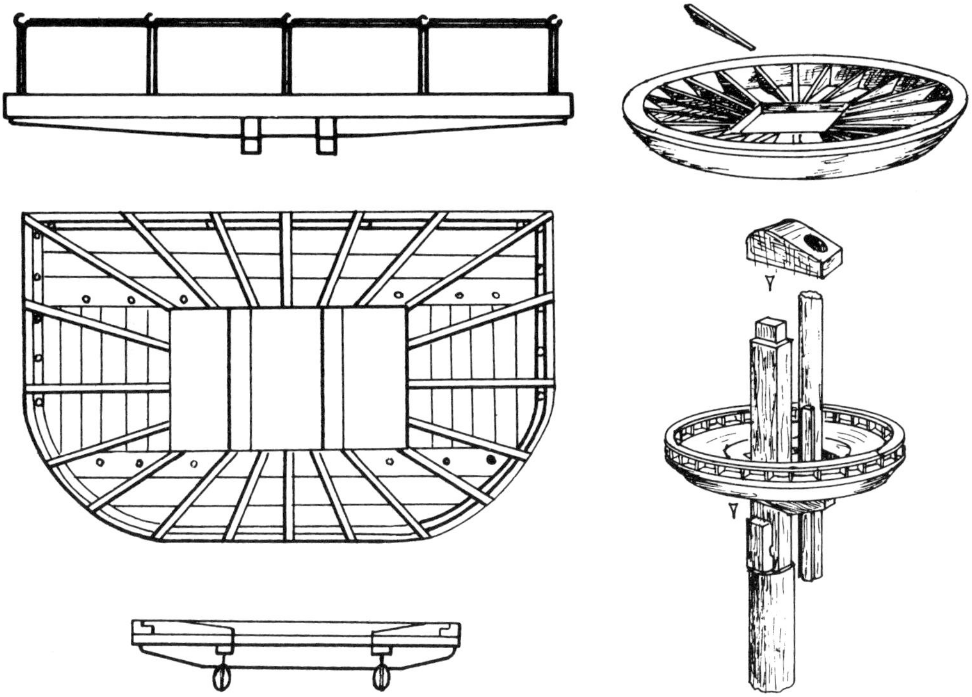

Marse:
Links: Mars einer englischen Fregatte, Anfang 18. Jahrhundert
Rechts: Rundmars der schwedischen „Wasa“ 1628

Die Stengen

Die Stengen können Sie auf die gleiche Art und Weise wie die Masten herstellen. Wichtig ist auch hier wieder der konische Zulauf zum Topp hin. Seit Ende des 15. Jahrhunderts war der Stengefuß viereckig, bei englischen Schiffen des 18. und 19. Jahrhunderts achteckig. Diese Form können Sie ebenfalls mit einer feinen Feile herstellen. Der Stengefuß ruhte zwischen der Saling und wurde durch das Schloßholz abgestützt, das durch den Stengefuß lief und auf der Saling aufsaß.

Am Modell können Sie den Stengefuß zwischen der Saling verkleben und kleine Holzstückchen zur Darstellung des Schloßholzes ankleben. Abgesehen davon gibt ja das Eselshaupt zusätzlichen Halt.

Das Stengetopp war ebenfalls vier- oder achteckig ausgebildet. Durch Scheibgats wurden bei englischen Schiffen die Bram- oder Royalfallen bewegt, worüber aber nur der Bauplan genau Auskunft geben kann.

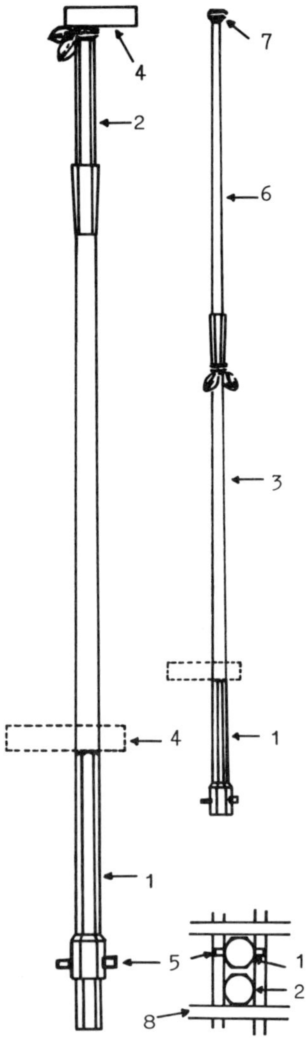

Mars- und Bramstenge eines englischen Dreideckers um 1800 (Fockmast):
1 Stengefuß
2 Marsstengetopp
3 Bramstenge
4 Eselshaupt
5 Schloßholz
6 Flaggenstock
7 Flaggenknopf
8 Saling

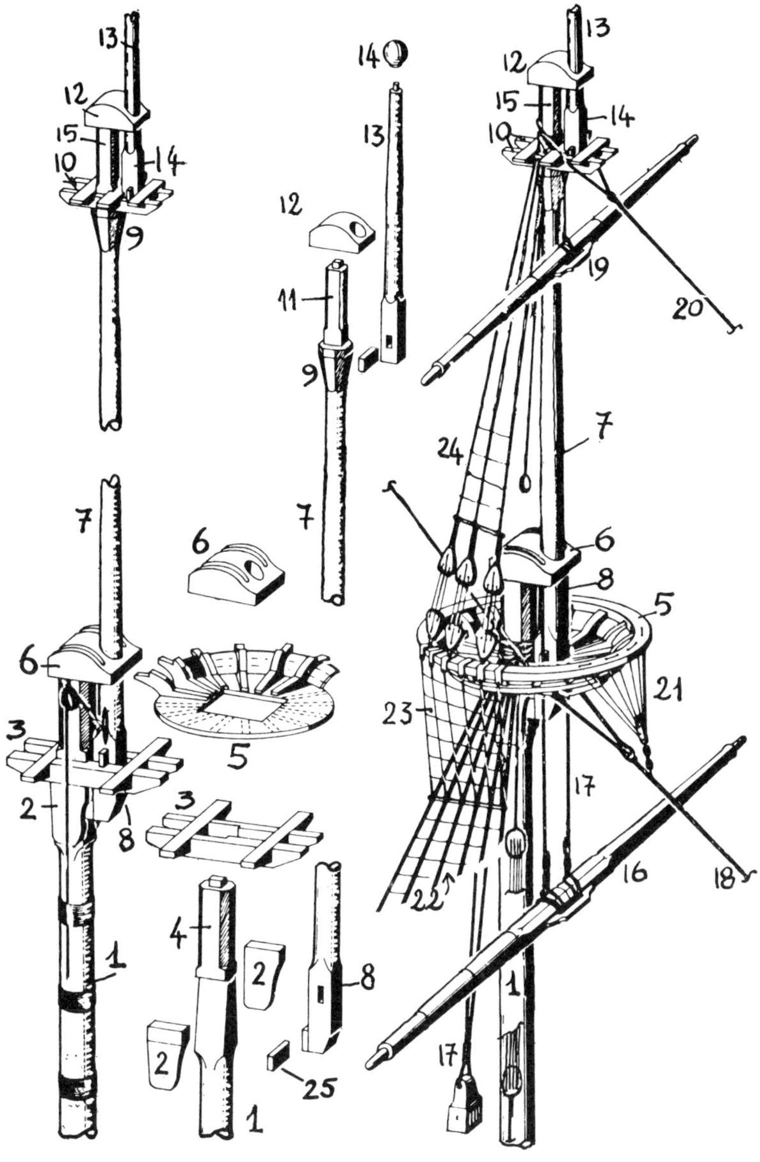

Teile eines Mastes von einem Schiff aus dem 17. Jahrhundert:

1 Untermast
2 Mastbacken
3 Saling
4 Masttopp
5 Mars
6 Eselhaupt
7 Marsstenge
8 Fuß (Hacke) der Marsstenge
9 Backen der Marsstenge
10 Bramsaling
11 Topp der Marsstenge
12 Eselshaupt
13 Bramstenge
14 Fuß (Hacke) der Bramstenge
14 Flaggenknopf (Abb. Mitte)
15 Topp der Marsstenge
16 Großrah
17 Großrahfall
18 Großstag
19 Marsrah
20 Großstengestag
21 Hahnepoten
22 Großwanten
23 Püttingswanten
24 Großstengewanten
25 Schloßholz

Der Bugspriet

Der über das Vorschiff hinausragende Bugspriet ist ab dem 13. Jahrhundert bekannt. Er war ebenso wie die Untermasten aus einzelnen Teilen gebaut und daher ebenso mit Tauwulingen oder Metallreifen versehen. Die Neigung schwankte im Verlauf der Jahrhunderte mehrmals, so daß man sich auf die Aussagen des Bauplans verlassen sollte.

Bis zur Mitte des 17. Jahrhunderts war der Bugspriet oft nicht parallel zur Kiellinie angeordnet, sondern lief auf der Steuerbordseite am Fockmast vorbei, erst das Ende des Bugspriets lag wieder in der Schiffsmitte. Die französische „La Couronne“ ist ein Beispiel hierfür.

Bis etwa zum ersten Drittel des 18. Jahrhunderts wurde auf dem Bugspriet ein Sprietmast befestigt, der von einem kräftigen Knie gestützt wurde. Am Sprietmast wurde ein kleines Rahsegel, die Oberblinde, gefahren. Das Rahsegel unter dem Bugspriet nannte man Blinde. Dieses Segel hatte oftmals auch an der Unterkante runde Löcher zum Ablaufen des Wassers.

Ab Anfang des 18. Jahrhunderts wurde an Stelle des Sprietmastes der sogenannte Klüverbaum gefahren, der praktisch eine Verlängerung des Bugspriets darstellte. Mit dem Bugspriet war der Klüverbaum durch ein Eselshaupt verbunden. Am Eselshaupt des Bugspriets war nach unten der sogenannte „Stampfstock“ befestigt, der die Aufgabe hatte, neben der Bugsprietzurring die Kräfte der Fockstage auszugleichen.

Die Herstellung des Bugspriets, des Sprietmastes und des Klüverbaums geht ebenso vonstatten wie die Herstellung von Masten und Stengen. Beim Sprietmast sollte man darauf achten, daß er ganz leicht nach vorne geneigt ist, selbst wenn er am Schluß geradestehen muß, denn der starke auf ihm lastende Zug der Fockstage zieht ihn unweigerlich ein kleines Stück nach hinten.

Bugspriet und Vorschiff der französischen „La Couronne“ 1636. Der Bugspriet war auf der Steuerbordseite neben dem Fockmast gelagert (Corel-Modell des Verfassers)

Beim Vorbohren der Befestigungsöffnung am Modellrumpf für den Bugspriet müssen Sie sehr vorsichtig zu Werke gehen, denn es muß meist durch die sichtbaren Decksplanken in ein Füllstück gebohrt werden. Beginnen Sie mit einem kleinen, dann immer größer werdenden Bohrer, sonst ruinieren Sie sich mit absoluter Sicherheit Ihre Decksplanken. Halten Sie den Bohrer etwa so, wie es auch der späteren Neigung des Bugspriets entspricht. Leichte Korrekturen können dann immer noch mit einer feinen Rundfeile getroffen werden.

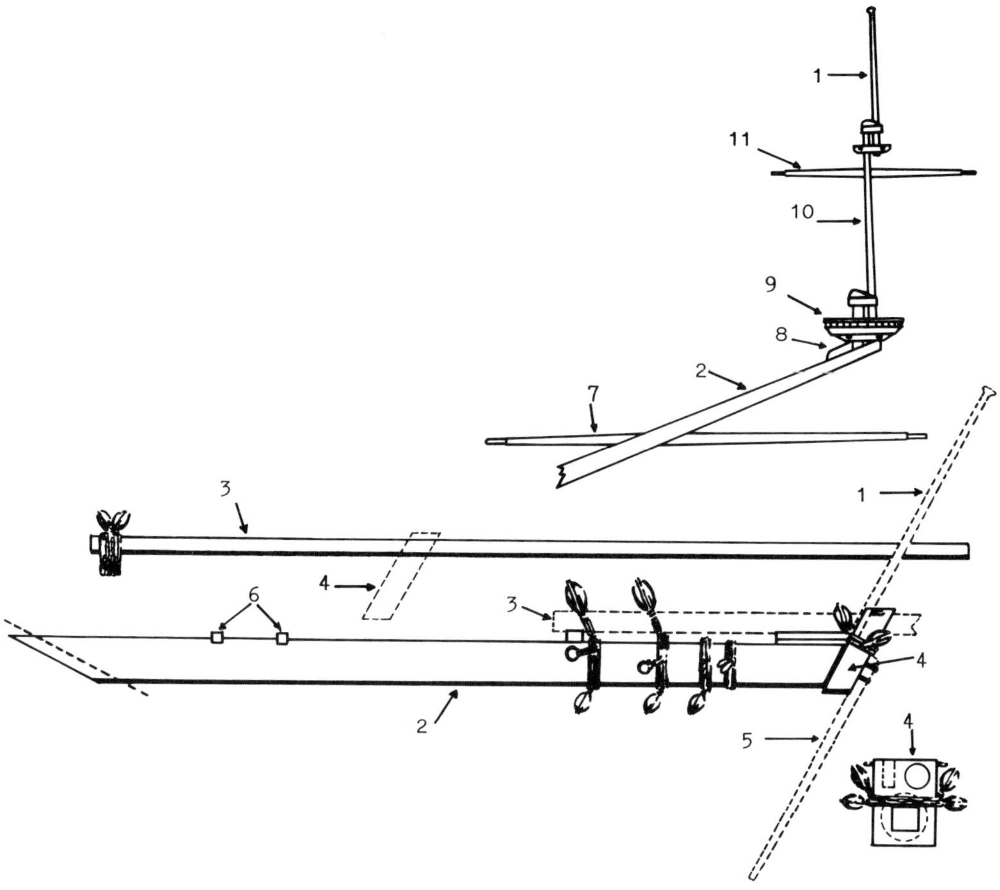

Bugspriet und Klüverbaum:
oben rechts Bugspriet der schwedischen „Wasa" 1628, unten Dreidecker um 1800:

1 Flaggenstock
2 Bugspriet
3 Klüverbaum
4 Eselshaupt
5 Stampfstock
6 Sicherungsklampen für Bugsprietzurring
7 Blinderah
8 Knie
9 Mars
10 Sprietmast
11 Oberblinderah

Die Rahen

Für die Rahen liegen dem Baukasten Rundstäbe in den erforderlichen Durchmessern bei. Wie bereits bei den Masten können Sie durch Rollen auf einer ebenen Fläche und gleichzeitigem Abhobeln zu der gewünschten an den Rahenden schmäler zulaufenden Form kommen. Dies ist sehr wichtig, um ein gutes Aussehen zu erhalten. Die äußersten Enden, die Rahnocken, waren stiftförmig ausgebildet, damit die angestroppten Blöcke für das laufende Gut nicht zur Rahmitte hin rutschten. Diese Form kann man mit einer Feile herausarbeiten.

Große Rahen, wie etwa die von lateinerbesegelten Galeeren, Schebecken u. ä., waren aus mehreren Teilen montiert. Man feilt in diesem Fall die Auflageflächen der beiden Rahen etwas gerade und verklebt die Teile untereinander.

Ab Mitte des 18. Jahrhunderts hatten die Rahen in der Mitte auch oft Schalungen. Man kann an der betreffenden Stelle zuerst mit Hilfe einer Feile die entsprechenden geraden Auflageflächen schaffen und dann kleine Leistenteile ringsherum ankleben. In jedem Fall gibt Ihnen aber der Bauplan, wenn dies vorgesehen sein sollte, nähere Aufschlüsse.

Im Gegensatz zu den Masten, die man naturfarben belassen sollte, können Sie die Rahen mit Beize, Nußbaum – dunkel, einfärben. Wenn Tauwicklungen, wie etwa bei Schiffen des Mittelalters oder bei Galeeren, Schebecken usw., erforderlich sind, können diese aus fast schwarz gefärbtem Tau angebracht werden. Wenn Sie diese Zurring dann mit verdünntem Holzleim bestreichen, wird sie sich nicht mehr versehentlich lösen. Gegebenenfalls bringt man die Zurring erst nach dem Lackieren der Rahen an.

Ab Mitte des 17. Jahrhunderts wurde unter den Rahen ein sogenanntes Laufstag oder Perde angebracht, auf denen die Seeleute während des Segelbergens standen. Ein Ende des Laufstags war an der Rahnock befestigt, das andere Ende auf etwa ¾ Länge der Rah angebracht. In der Mitte der Rah kreuzten sich die Laufstage. Bei großen Rahen waren auch zusätzliche Außenperde oder sogenannte „flämische“ Perde angebracht. Die Laufstage oder Perde wurden durch senkrechte Taue, die Springperde, gehalten. Achten Sie darauf, daß die Laufstage *hinter* der Rah angeordnet sein sollten. Wenn Ihr Modell so ausgestattet sein sollte, gibt Ihnen der Bauplan mit Sicherheit nähere Aufschlüsse.

Am Besanmast und, sofern vorhanden, auch am Bonaventuramast wurde ein Lateinersegel gefahren, das an einer schräg stehenden Rah, der Rute, angeschlagen war. Ab der Mitte des 18. Jahrhunderts wurde die Rute durch Gaffel und Gaffelbaum ersetzt, die mit Hilfe der Gaffelklauen und Racks drehbar um den Besanmast gelagert waren.

Die Gaffelklauen liegen dem Baukasten meist bei, wenn dies vorgesehen sein sollte, ansonsten kann man sie aus Holzstückchen ausschneiden und an Gaffel und Gaffelbaum ankleben. Die Eisenbänder, die für eine feste Verbindung sorgten, können mit schwarzen, angeklebten Papierstreifchen imitiert werden.

Fertigen Sie ruhig einige Rahen mehr an, als Sie eigentlich benötigen. Warum? Weil selbst auf guten Modellen sehr selten Reserverahen zu sehen sind. Kein Schiff kam aber ohne Reserverahen aus, denn im Sturm gingen diese relativ oft zu Bruch. Die Reserverahen waren an Deck über der Kuhl (große Decksöffnung) oder an den Rüsten verstaut.

In der Mitte des 17. Jahrhunderts kamen Leesegel in Gebrauch, die an Leesegelspieren angeschlagen waren. Leesegel dienten zur Ausnutzung von schwachem Wind. Die Leesegelspieren saßen auf den Rahen und konnten durch Halterungen, den sogenannten Leesegelbrillen, nach außen geschoben werden. Die Leesegelspieren waren in einem Winkel von etwa 45° vor der Rah angeordnet.

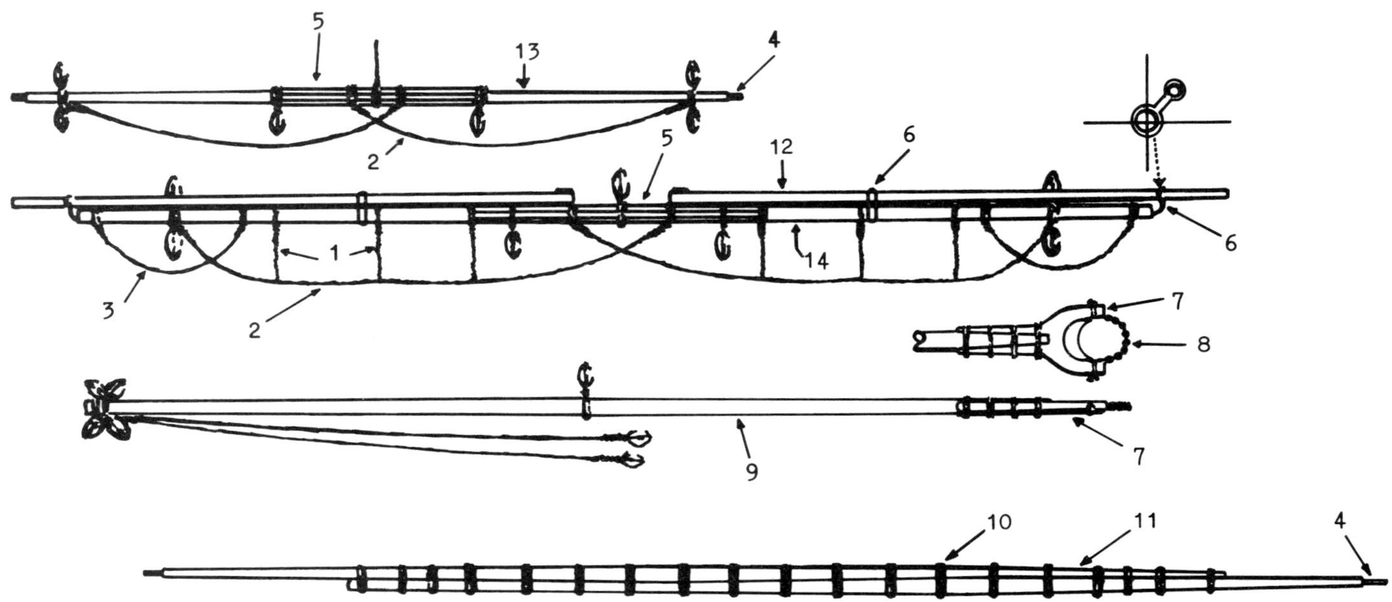

Rahen und Gaffel:
1 Springperde
2 Fußperde
3 Außenperde oder sogenannte „flämische Perde“
4 Rahnocken
5 Schalung
6 Leesegelbrillen
7 Gaffelklaue
8 Klotjes (Kugeln)
9 Besangaffel
10 Zurring
11 Galeeren- oder Schebeckenrah
12 Leesegelspiere
13 Vorbramrah (englischer Dreidecker um 1800)
14 Vormarsrah (englischer Dreidecker um 1800)

Wenn Ihr Modell so ausgerüstet sein sollte, liegen die Leesegelbrillen entweder dem Baukasten bei, oder Sie können diese Teile aus dünnen Blechstreifchen schneiden, zusammenlöten und schwarz bemalen. Aber an sich sind Leesegelspieren bei Baukastenmodellen seltener anzutreffen.

Nach dem Lackieren der Rahen sollten bereits jetzt schon die Blöcke für das laufende Gut (bewegliche Taue) befestigt werden, denn diese Arbeiten sind ausgesprochen hinderlich, wenn die Rahen schon am Modell befestigt sind. Deshalb sind bei vielen Baukastenplänen die Rahen bereits mit den anzuschlagenden Blöcken dargestellt.

Zeichnung einer Karacke des flämischen Künstlers „W. A.“ um 1450

17 Die Segel

Ein Schiff mit voller Besegelung übt auf jeden Betrachter, ob Modellbauer oder nicht, einen ganz besonderen Reiz aus. Daher werden auch viele Modellbauer bestrebt sein, ihre Schiffe mit Besegelung auszustatten. Da jedes Schiff, seiner Aufgabe und Bestimmung entsprechend, mit mehr oder weniger verschiedenen Segeln ausgerüstet war, wurden auch die Schiffe nach ihrem optischen Erscheinungsbild klassifiziert. Es wäre fast unmöglich, alle Schiffe bzw. Schiffsformen darzustellen, die jemals die Meere befahren haben. Ich möchte aber nachstehend versuchen, Ihnen einen kleinen Überblick der wichtigsten Segelschiffsformen näherzubringen. In der einen oder anderen Form wird dieses Erscheinungsbild auch für das von Ihnen gewählte Modell zutreffen. Auch mit den Namen der einzelnen Segel können Sie sich nun vertraut machen.

Sie werden sich nun wohl oder übel entscheiden müssen, ob Sie Ihr Modell mit oder ohne Segel bauen wollen. Wenn Sie als Modell einen kleineren Schiffstyp gewählt haben, der von Haus aus nicht allzuviele Segel fährt, sollten Sie sich schon die Mühe machen, Segel anzufertigen und anzubringen, sonst wirkt das Modell ein bißchen „leer". Bei einem großen Dreidecker hingegen sieht die volle Besegelung zwar ungeheuer imposant aus, macht aber auch sehr viel Arbeit. Von der fachgerechten Takelung einmal ganz abgesehen. Solch ein Modell ist durchaus ohne Besegelung nicht weniger wert, da es ja schon allein durch die Takelage wirkt. Diese Entscheidung müssen Sie für sich ganz alleine treffen.

Sie müssen aber auf jeden Fall die Lage bzw. die Stellung der Rahen bei einem Modell ohne Segel beachten. Die Unterrahen sind hier in ihrer normalen Stellung unterhalb der Mastbacken angebracht, während die Mars-, Bram- und Royalrahen bis zu den darunterliegenden Eselshäuptern heruntergelassen sein müssen. Dies trifft auch für die Oberblinde zu. Ein Fehler dieser Art entwertet Ihr Modell ganz entscheidend.

Eine Alternative wären aufgegeite Segel, die dann, z. B. bei den Unterrahen, den Blick auf das Deck freigeben. Aber Sie kommen nicht umhin, auch diese Segel hierzu komplett anzufertigen und dann entsprechend hochzuziehen. Bei geborgenen oder hochgezogenen Segeln an Mars-, Bram- oder Royalrah müssen diese ebenfalls bis zum darunterliegenden Eselshaupt oder mindestens auf $^1/_3$ der Stengenhöhe herabgelassen werden.

Die Anfertigung von Segeln ist keineswegs so problematisch, wie man zunächst annimmt. Das wichtigste ist jedoch zunächst die Auswahl des geeigneten Segelstoffes. Bedenken Sie bitte auch hier – wie bei der Auswahl des Holzes für Ihren Modellrumpf –, daß Sie ein Schiff ja 50-, 75- oder 100mal verkleinern! Ein großer Fehler wäre daher zu grobes Material.

Ich habe die besten Erfahrungen mit altem weißem oder noch besser cremefarbenem Hemdenstoff gemacht. Mit Sicherheit hängt auch in Ihrem Schrank ein solches Oberhemd, das vielleicht schon etwas zu klein geworden ist oder schlichtweg nicht mehr gefällt. Trennen Sie das Hemd an den Nähten auf. In aller Regel genügt ein Hemd für die komplette Besegelung eines mittelgroßen Modells.

Sehr wichtig ist auch der Farbton, den Sie unbedingt erreichen müssen. Durch Wind, Wetter und ständige Benutzung waren die Segel durchaus nicht weiß, sondern graubräunlich und fleckig. Als Ausnahmen hiervon können allenfalls die Klipper des 19. Jahrhunderts gelten, da manche Kapitäne sehr großen Wert auf blütenweiße Segel legten. Aber das war ein reiner Tick und demnach ausgesprochen selten. Einen schmutzigen, verwitterten Farbton erreichen Sie am besten durch Aufkochen in starkem, schwarzem Tee oder auch durch stark verdünnte Holzbeize oder Stoffarbe. Sie sollten vorher Versuche an Abfallstücken (Kragen, Manschetten usw.) ausführen und sehen, ob der Farbton auch Ihrer Vorstellung nahekommt.

1

2

3

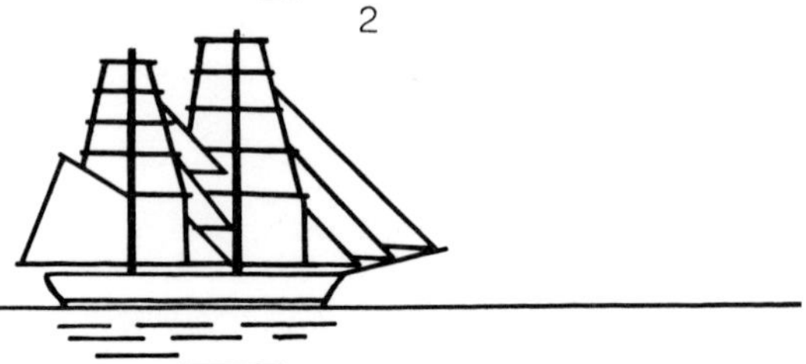
4

5

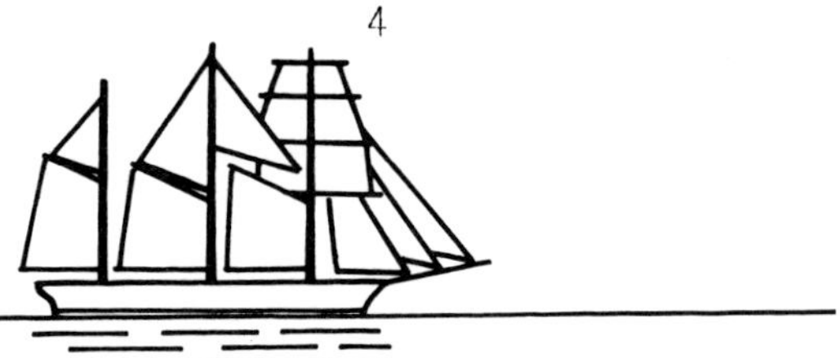
6

7

8

9

10

11

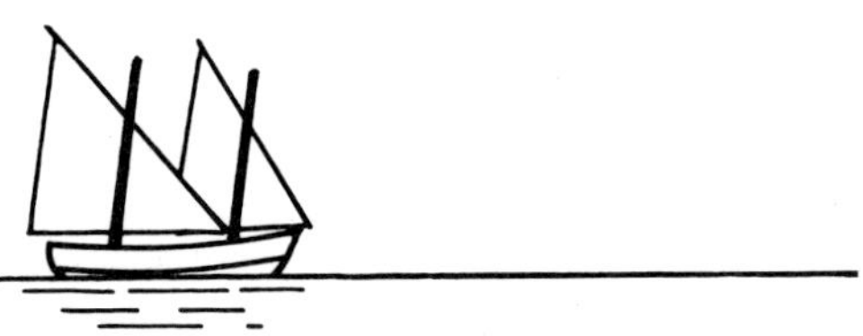
12

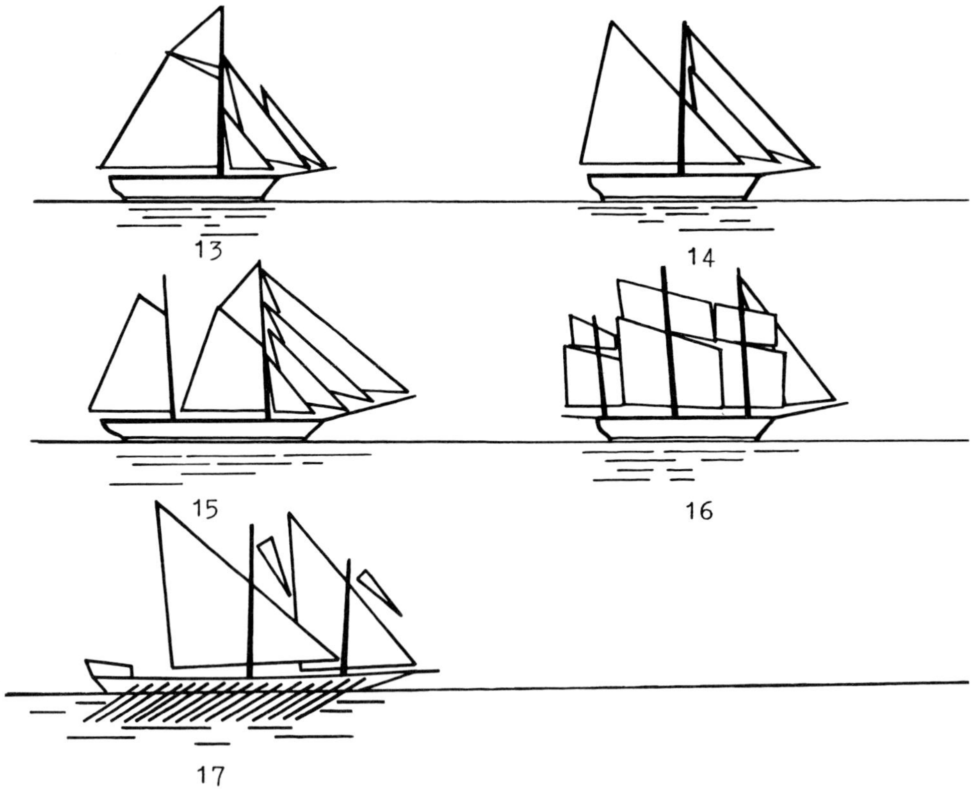

1 Viermastbark
2 Vollschiff
3 Bark
4 Brigg
5 Schonerbark
6 Rahschoner
7 Schonerbrigg
8 Bombarde
9 Rahschoner
10 Gaffelschoner
11 Schebecke
12 Feluke
13 Kutter
14 Tartane
15 Ketsch
16 Logger
17 Galeere

Da auf den Plänen vieler Modellbaukästen Rahen oder Takelage zwar ausführlich dargestellt sind, nicht aber die Segel, müssen Sie sich Papierschablonen für deren genauen Zuschnitt anfertigen. Die Oberkante der Segel sollte etwas kleiner sein als die Entfernung der Rahnocken untereinander. An der Unterseite waren die Segel leicht bogenförmig geschnitten, damit sie nicht die Aufbauten des Rumpfes oder der Reling berührten. Die Mars-, Bram- oder Royalsegel hatten einen trapezförmigen Zuschnitt, der durch die geringere Breite der entsprechenden Rahen bedingt war.

Wenn Sie alle Schablonen für die Segel hergestellt haben, können diese platzsparend auf dem vorbehandelten Stoff verteilt und aufgezeichnet werden. Danach werden die Umrisse des Segels großzügig aus dem Stoff ausgeschnitten, da Sie einen eventuellen Saum für die Segel berücksichtigen müssen. Der Segelsaum an sich ist schon eine Streitfrage unter Modellbauern. Im Maßstab 1:100 oder 1:75 halte ich es für wesentlich sinnvoller, auf den Saum gänzlich zu verzichten, da meiner Meinung nach selbst bei der besten Näherin und Nähmaschine der Saum viel zu dick und unproportioniert wird. Gerade noch im Maßstab 1:50 halte ich die Darstellung des Saumes für gerechtfertigt.

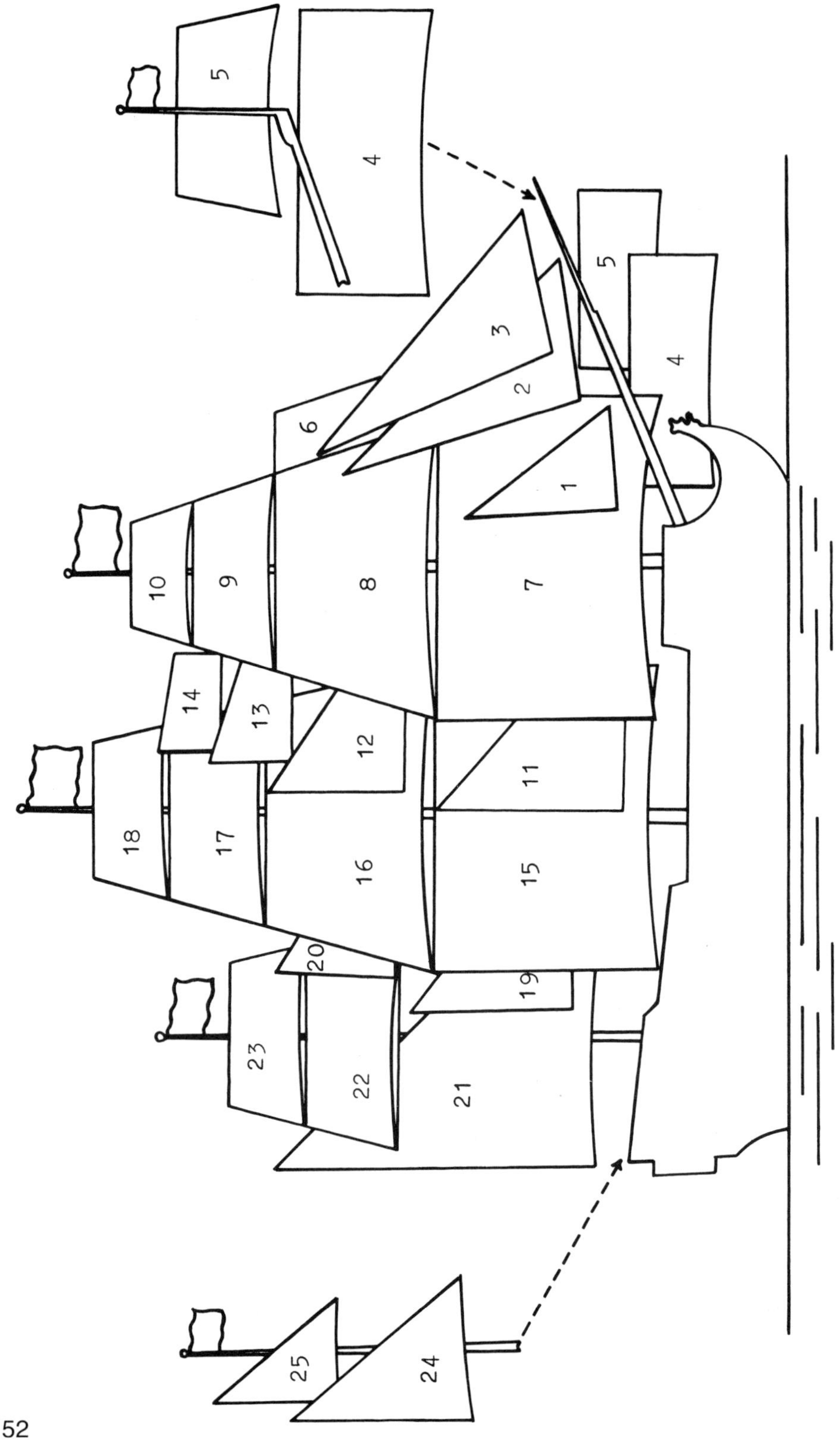
1
2
3
4
5
6
7
8
9
10
11
12
13
14
15
16
17
18
19
20
21
22
23
24
25

Wesentlich besser dürfte es wohl sein, in den kleineren Maßstäben 1:100 oder 1:75 den äußeren, später auszuschneidenden Rand des Segels leicht mit verdünntem Holzleim zu bestreichen. *Vorsicht!* – Der Stoff muß vorher unbedingt schon richtig eingefärbt sein, sonst werden die Kleberänder später sichtbar! Der Stoff kann somit nicht mehr ausfransen. Den Saum bzw. die Saumattrappe stellt eine umlaufende Ziernaht, etwa 1,5 bis 2 mm vom äußeren Rand entfernt, dar. Zum Nähen sollte mittel- bis dunkelbrauner Faden zur Verwendung kommen.

Da die Segel im Original nicht aus einem Stück, sondern aus mehreren, senkrecht zusammengenähten Bahnen bestanden, müssen Sie diese durch Ziernähte andeuten. Im Original hatten die Bahnen eine Breite von etwa 10 bis 14 cm. Bei Rahsegeln verliefen die Bahnen immer senkrecht, während bei Schratsegeln (alle längs zur Schiffsmitte stehenden Segel) die Bahnen parallel der achterlichen Kante des Segels zusammengenäht waren.

Auf dem Segel wurden auch Reffbänder vernäht. Diese dienten zur Verkleinerung der Segelfläche bei starkem Wind oder bei extremen Bedingungen. Diese Reffbänder müssen natürlich nicht originalgetreu aufgenäht werden, es genügen entsprechende Quernähte. Sie sollten jedoch darauf achten, daß in dem Bereich der Reffbänder die Nähte der angedeuteten Bahnen entfernt werden. Danach können Sie die Segel ausschneiden. Zum Einholen und Befestigen der Reffbänder führten durch diese dünne, auf beiden Seiten herabhängende Taue, die Reffbändsel, die man am besten auf der Vorder- und Rückseite des Segels jeweils mit einem kleinen Knoten vor dem Durchrutschen sichert. Die Reffbändsel sollten auch schön nach unten hängen und nicht kreuz und quer vom Segel abstehen. Eventuell schaffen ein Bügeleisen und ein dazwischengelegtes Tuch Abhilfe.

◄

Segelbezeichnungen eines Schiffes bis etwa zur Mitte des 19. Jahrhunderts:
1 Vorstengestagsegel
2 Binnenklüver
3 Außenklüver
4 Blinde
5 Oberblinde (Sprietmast-Alternative)
6 Voroberleesegel
7 Focksegel
8 Vormarssegel
9 Vorbramsegel
10 Vorroyalsegel
11 Großstagsegel
12 Großstengestagsegel
13 Großmittelstagsegel
14 Großbramstagsegel
15 Großsegel
16 Großmarssegel
17 Großbramsegel
18 Großroyalsegel
19 Besanstagsegel
20 Besanstengestagsegel
21 Besansegel
22 Kreuzsegel
23 Kreuzbramsegel
24 Bonaventurasegel
25 Bonaventuramarssegel
(24 + 25 nur bei Bonaventuramast!)

Heckansicht der französischen Schebecke „Trois Lis" von 1750 (Corel-Modell des Verfassers)

Nachstehend habe ich einige Segel aufgezeichnet, die Ihnen die Anfertigung veranschaulichen sollen:

1 Großsegel und Marssegel
2 Blinde (gekreuzte Reffbänder und Wasserablauflöcher ab Mitte des 17. Jahrhunderts)
3 Besansegel
4 Gaffelsegel
5 Schebecken- oder Galeerensegel (zulaufende Reffbänder)
6 Gaffeltoppsegel
7 Stagsegel
8 Außenklüver oder Flieger (zueinander angeordnete Bahnen seit 1830)
9 Stagsegel

Um das Segel führte im Original das Liektau, das man von Hand um das Segel nähen sollte, und zwar in sehr kleinen Stichen. Ich bin mir im klaren darüber, daß dies eine sehr nervenzermürbende Tätigkeit sein kann, aber geben Sie sich viel Mühe, der Gesamteindruck ist es in jedem Fall wert. Verwenden Sie wieder braunen Nähfaden.

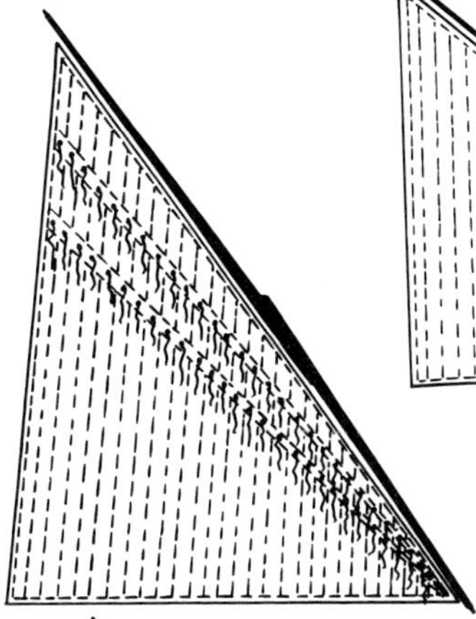

5

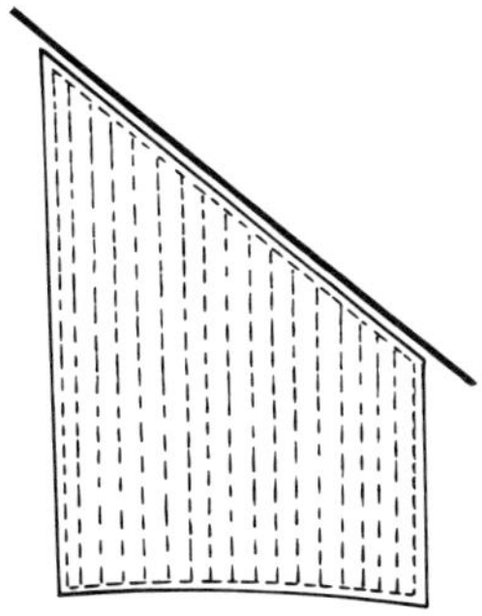

7

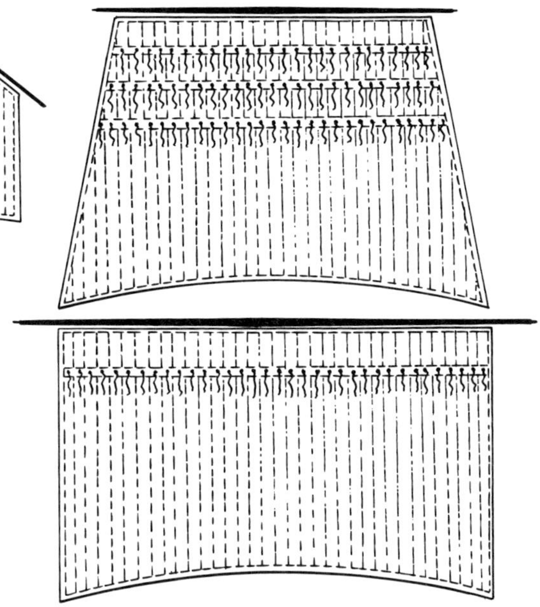

1

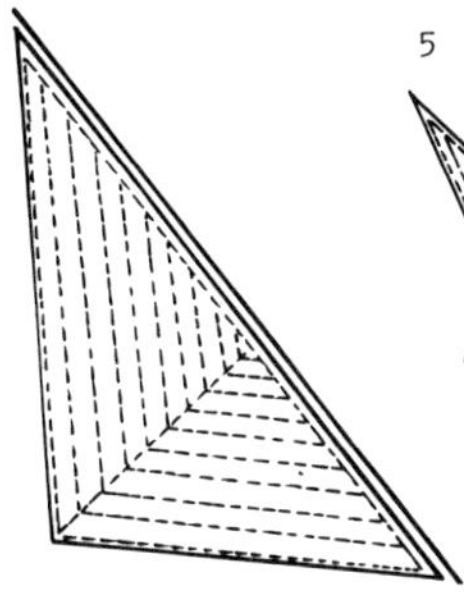

8

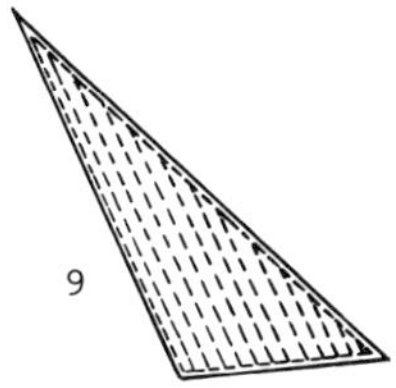

9

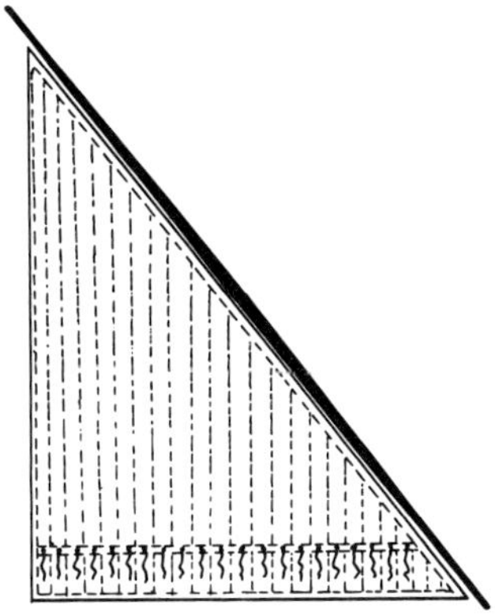

3

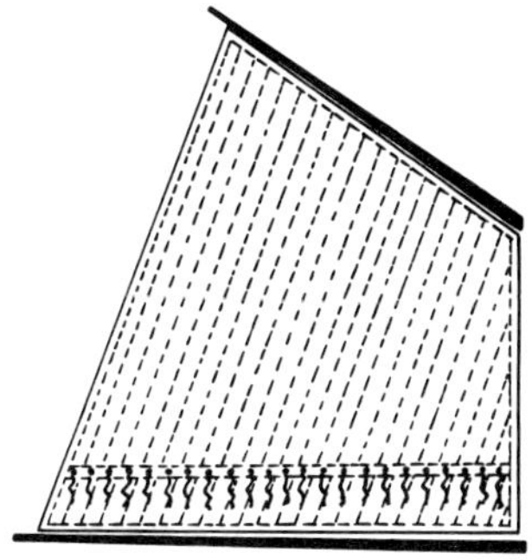

4

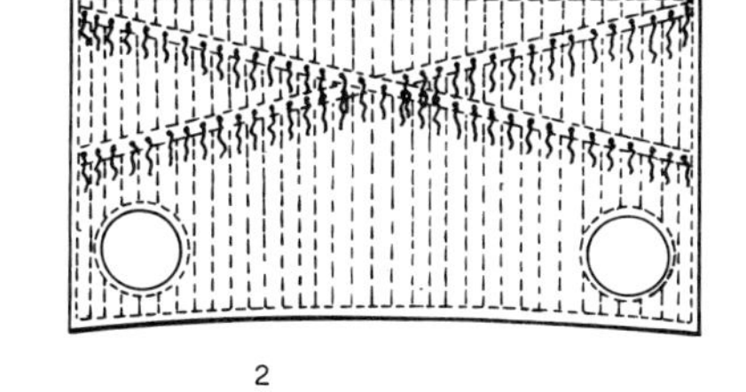

2

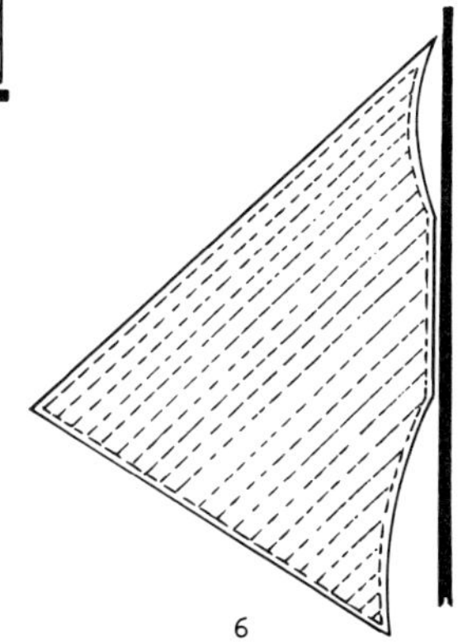

6

Als Stärke für das Liektau halte ich beim Groß- und Focksegel 0,7-mm- und bei den Mars-, Bram- oder Besansegeln 0,5-mm-Takelgarn für geeignet. Das Liektau war an den Segelecken zu sogenannten Schothörnern ausgebildet, die durch einfaches Übereinanderschlagen des Liektaues zu bilden sind. Am Ende des Schothorns zum Segel hin helfen einige Umwicklungen bei der Befestigung. An den Schothörnern werden später die Blöcke für das laufende Gut befestigt.

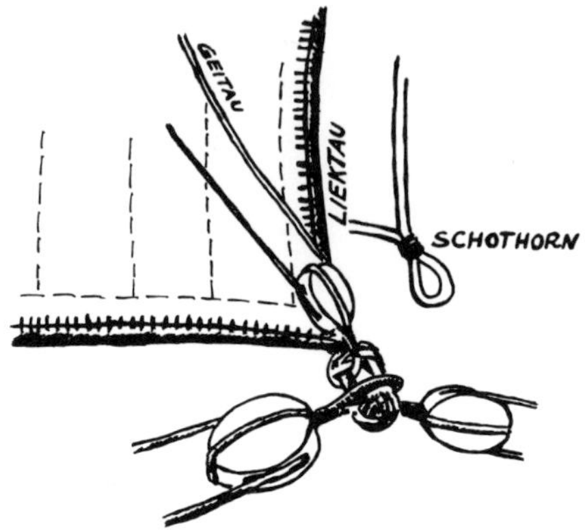

Das Schothorn

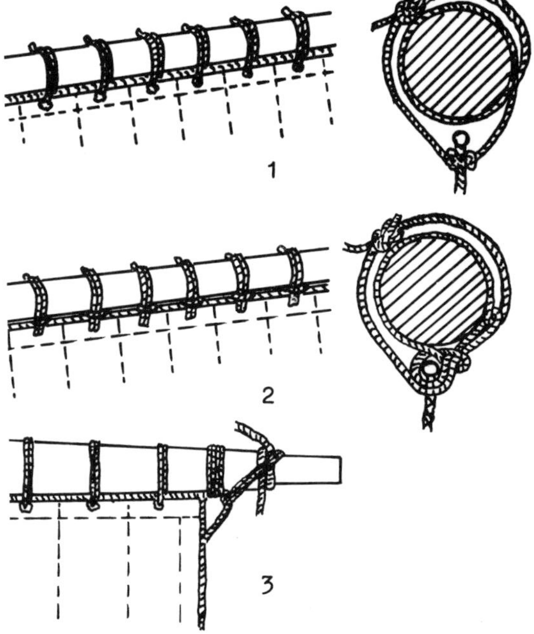

1 Anschlagen mit Beschlagzeisingen. Diese Methode war von der Antike bis ins 17. Jahrhundert hinein üblich
2 Anschlagen mit Beschlagzeisingen vom 17. bis zur Mitte des 19. Jahrhunderts
3 Zurrings an der Rahnock bis Mitte des 19. Jahrhunderts

Nun können Sie das Segel an der Rahe anschlagen. Zu dieser Arbeit kann eine etwas stärkere Nadel zuhilfe genommen werden, durch die das Takelgarn gezogen wird. Wie das Segel angeschlagen wird, geht aus obiger Skizze hervor. Bringen Sie die Rahen noch nicht am Modell an! Der weitere Ablauf der Arbeiten würde sonst erschwert.

18 Takelgarn und Taue

Leider stehen einem oft die Haare zu Berge, wenn man das beigelegte Takelgarn in Modellbaukästen näher betrachtet. Von wenigen rühmlichen Ausnahmen abgesehen, haben die Taue keinen Drall, fasern auf (was am fertigen Modell erbärmlich aussieht), haben meist nur drei bis vier verschiedene Stärken oder sind viel zu knapp bemessen. In Anbetracht der vielen Taustärken, die Sie ja auf Ihrem Modell benötigen, werden Sie kaum umhin kommen, zusätzliches Takelgarn zu kaufen oder sich nach alternativen Lösungen umzusehen.

Handelsübliches, gut verwendbares Takelgarn kommt in vielen Stärken von Graupner. Es muß allerdings noch entsprechend eingefärbt werden. Auch die Firmen Krick und Steingraeber haben relativ gutes Takelgarn im Angebot. Prüfen Sie vor dem Kauf von zusätzlichem Takelgarn, ob es einen ausgeprägten Drall hat und nicht faserig aussieht. Zur Not kann man sich bei faserigem Tau durch Einlegen in Bier oder Nährbier helfen. Danach wird dann das Takelgarn mit den Fingern nochmal glattgestrichen. So legen sich die abstehenden Fasern recht gut an.

In Handarbeitsgeschäften erhältliches Häkelgarn oder Knopflochgarn ist ebenfalls gut für die Takelage geeignet. *Achtung!* Bitte kein Glanzhäkelgarn oder andere glänzende Fäden benützen. Die Taue müssen alle matt sein. Für die Webleinen der Wanten z. B. eignet sich sehr gut dunkelbrauner oder schwarzer Nähfaden, wenn Sie ein kleines bis mittleres Modell bauen. Für die dünnen Taue der Takelage wäre auch Leinenzwirn gut geeignet.

Sie sehen, Möglichkeiten gibt es genug, und Sie sind ja nicht verpflichtet, alles zu akzeptieren, was Ihnen der Baukasten anbietet. Wenn Sie bei einem Gang durch die Stadt die Augen offenhalten und die entsprechenden Geschäfte aufsuchen, finden Sie sicherlich Brauchbares.

Das vorbildtreue Einfärben der Takelage wird Ihnen jedoch kaum erspart bleiben. Das beigelegte Takelgarn von Modellbaukästen ist in der Regel viel zu hell, selbst für das laufende Gut. Als Ausnahme kann man nur das Takelgarn aus der neuen Corel-Palette anführen, das genau den richtigen, für das laufende Gut passenden Farbton hat. Das laufende Gut, also alle am Schiff beweglichen Taue, hatte eine grau-bräunliche Färbung (stellen Sie sich ein altes, verwittertes Hanfseil vor). Der leicht bräunliche Ton kam zusätzlich durch eine Imprägnierung mit Wachs und Ölen.

Bei baukastenüblichem grauem Takelgarn erreichen Sie die Färbung des laufenden Gutes am besten mit der Rustikaleffekt-Beize hellbraun Nr. 1702 von Clou. Bei allen anderen Garnen, Häkelgarn, Faden usw. erreichen Sie die hellbraune, charakteristische Färbung mit *sehr stark* verdünnter Holzbeize, Nußbaum – dunkel, evtl. mit einem Schuß grauer Beize. Bei Häkelgarn empfiehlt sich wegen des besseren Eindringvermögens Spiritusbeize. Verwenden Sie keinesfalls einen Eichefarbton als Beize, da dieser im Takelgarn einen Grünstich hervorruft.

Waschen Sie sich ein größeres Glasgefäß (Gurkenglas, Einmachglas) sauber aus, und setzen Sie die Beize lieber etwas zu schwach bzw. zu hell an. Legen Sie ein Probestückchen des Garns über Nacht in die Beize und prüfen Sie am nächsten Tag, ob das Stück Ihren Vorstellungen entspricht. Setzen Sie die Beize dann etwas stärker oder schwächer an, und färben Sie das Takelgarn für das laufende Gut entsprechend ein. Das Takelgarn sollte über die Hand großzügig aufgerollt und in Stücken von etwa 3 Metern eingelegt werden, damit sich einerseits hinterher nicht alles verknotet und andererseits die Beize gut an alle Stellen gelangt. Die Taue sollten einige Tage in der Beize liegen, damit sie gründlich durchfärben. Beim Herausnehmen und Trocknen sollten Sie Plastik- oder

Gummihandschuhe tragen, damit Sie Ihre Hände nicht gleich mit einfärben. Der Fön bewährt sich auch hier wieder.

Alle am Schiff feststehenden Taue, das sogenannte stehende Gut, waren geteert und hatten daher einen dunkelbraunen, fast schon schwarzen Farbton, den Sie am besten mit Holzbeize, im Farbton Nußbaum – dunkel, mit etwa ¼ Anteil schwarzer Beize erreichen. Auch das Ankertau war gleichermaßen gefärbt. Gehen Sie hier genauso wie oben vor, und wählen Sie den Farbton lieber etwas zu dunkel als zu hell, denn ein häufig zu sehender Fehler an vielen Modellen ist ein viel zu helles oder überhaupt nicht eingefärbtes stehendes Gut, wodurch das Modell historisch unrichtig aussieht und langweilig wirkt.

Alternativ zu der Holzbeize können Sie Stoffarbe verwenden, die jede Drogerie vorrätig hat. Der Vorteil dabei ist zweifellos, daß sich die Finger beim Auftakeln nicht braun färben, was durch die unwillkürliche Schweißbildung der Hände bei Beize nie ganz auszuschließen ist. Die Stoffarbe kann, ebenso wie die Beize, in den Farbtönen untereinander gemischt werden.

Auch die Einfärbung von Ketten oder der Ankerkette sollte nicht vergessen werden. Wenn die Kette in Messing beiliegt, hilft wieder das vorgenannte Brünierungsmittel von Krick, oder man bemalt die Kette schwarz. In Apotheken ist auch sogenannte Schwefelleber erhältlich, die man mit Wasser ansetzt und die ebenfalls Messing- oder Kupferteile dunkel färbt.

Florentiner Galeere, 1637

19 Blöcke

Zum Bewegen von Rahen, Segel, Beibooten und anderen Lasten setzte man Blöcke ein, die nach dem Prinzip des Flaschenzugs arbeiteten. Die Blöcke sind grob gesagt Ummantelungen, in denen eine oder mehrere Scheiben laufen, über die das Tau geführt wird. Je nach Art der zugedachten Aufgabe waren die Blöcke einfach, doppelt oder dreifach mit Scheiben ausgestattet. Die Blöcke waren unterschiedlich geformt, und die Größe verringerte sich wie die Stärke des stehenden und laufenden Gutes von unten nach oben.

Die erforderlichen Blöcke für Ihr Modell liegen dem Baukasten bei und müssen allenfalls noch mit Beize eingefärbt werden, wenn sie aus sehr hellem Holz gefertigt sind. Dazu können Sie Beize im Farbton Nußbaum – mittel verwenden.

Meist sind die Durchlauföffnungen für das Tau zu eng gebohrt, und Sie müssen diese Öffnungen mit Hilfe eines feinen Bohrers vergrößern. Sollten nur einige Blockgrößen dem Kasten beiliegen, können Sie sich im Fachhandel Blöcke hinzukaufen. Das wird vor allen Dingen dann zutreffen, wenn Sie Segel anbringen wollen, da hierfür meist zu wenig Blöcke beigefügt sind. Der Weg ins Fachgeschäft bleibt Ihnen auch dann nicht erspart, wenn Sie feststellen, daß z. B. die Blöcke der Bram- oder Royalrahen im Verhältnis zu denen der Unterrahen zu groß ausfallen würden.

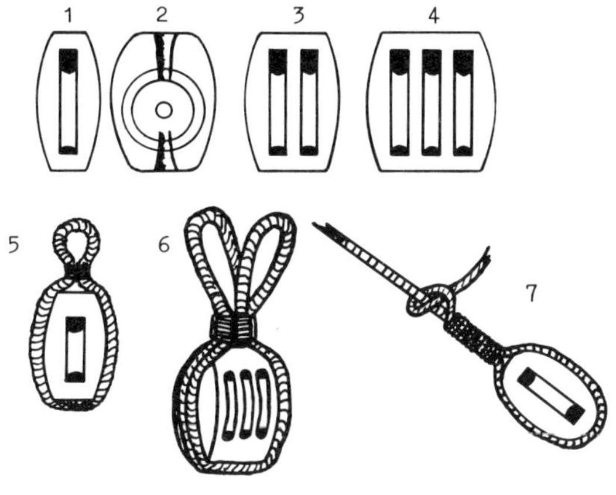

Blöcke:
1 Einfachblock
2 Schnittansicht
3 Doppelblock
4 Dreifachblock
5 Eingestroppter Einfachblock
6 Doppelt eingestroppter Dreifachblock für starke Belastung
7 Blockstroppdarstellung am Modellschiff: Tau um den Block führen, einmal verknoten, etliche Windungen legen, Tauende durch die letzte Windung führen, verkleben

Seitlich um den Block führte eine umlaufende Rille für das Tau, mit dem der Block angestroppt, d. h. befestigt war. Im Modell führt man das Tau um den Block, verknotet es oben einmal mit sich selbst und wickelt dann das Tau in 5 bis 8 Gängen straff um sein anderes Ende. Hierzu mit einer Hand das Ende der Wicklungen etwas ziehen, mit der anderen Hand mit Hilfe einer Pinzette die Wicklungen etwas zusammendrücken. Am oberen Ende der Wicklungen wird ein kleiner Knoten angebracht und mit verdünntem Holzleim fixiert.

Bei größeren Blöcken, z. B. denen an den Stagen oder Pardunen, führt man das Tau um den Block herum, spannt es leicht, klemmt es dann mit Hilfe einer Holzwäscheklammer an sich selbst fest und führt dann mit einem sehr dünnen Tau oder Nähfaden in der gleichen Farbe des Stages oder der Pardune die Zurring (wieder nach dem Prinzip Knoten – Wicklungen – Knoten – Verkleben) aus. Bei Stagen, Pardunen oder Tauen, die sehr starken Zug aushalten sollen, können ggf. mehrere Umwicklungen angebracht werden, damit sich die Zurring nicht versehentlich wieder löst. Sie können übrigens beruhigt sein, wenn Sie die Klebung mit verdünntem Holzleim ausführen, erhalten Sie hinterher keine Verfärbung der Taue.

Geht der laufende Teil einer Talje (des Flaschenzugs) von dem Block selbst aus, führen Sie mit Hilfe einer großen Nadel das Tau zwischen dem Block und dem umlaufenden Befestigungstau hindurch und bringen wieder eine Zurring an. Ebenso verfährt man, wenn am unteren Ende ein Haken befestigt werden sollte, den man relativ problemlos aus Draht herstellen kann.

Blöcke mit Drahthaken:
1 Block mit umlaufendem Stropptau, Haken an der Unterseite des Blockes
2 Darstellung mit umlaufendem, schwarzem Draht, der ober- und unterhalb des Blockes verdreht wird

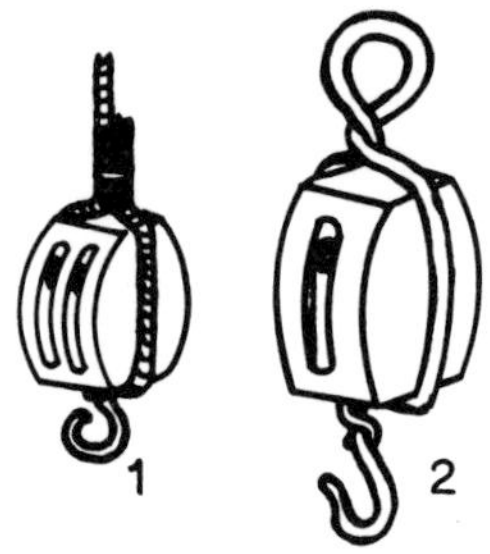

Jungfern

Die Jungfern dienten dem Steifsetzen der Wanten. Auch Stage oder Pardunen wurden manchmal an Jungfern befestigt. In der Antike und im Mittelalter hatten sie eine längliche, dreieckige oder ovale Form, waren vom 15. Jahrhundert bis etwa 1650 allseitig gleichmäßig dreieckig oder leicht fünfeckig und erst ab etwa 1650 rund. Bei den frühen Formen lief das Wanttau noch durch die Jungfer, ab der dreieckigen Form im 15. Jahrhundert wurde es in einer umlaufenden Rille um die Jungfer gelegt.

Jungfern:
1 + 2 = 12. bis 15. Jahrhundert
3 + 4 = 15. bis Mitte 17. Jahrhundert
5 = ab etwa 1650

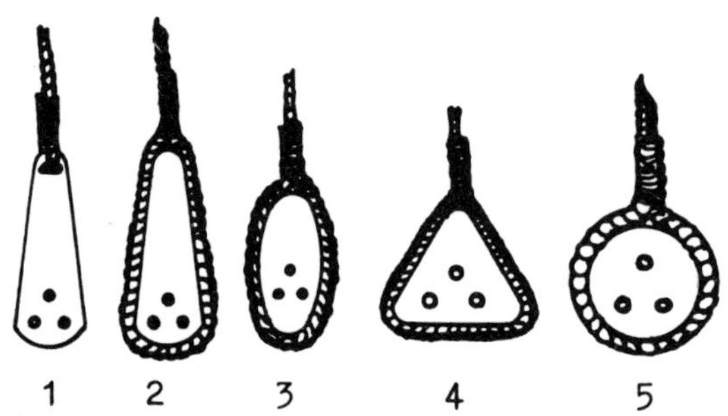

Ein häufig zu sehender Fehler bei Schiffsmodellen sind falsche Jungfern. Wenn Sie ein Modell von vor etwa 1650 bauen (Wasa, La Couronne usw.), müssen die Jungfern dreieckig oder an den Kanten etwas gebrochen, also fünfeckig sein. Passende Ersatzjungfern führt der Fachhandel in reicher Auswahl.

Violinblöcke

Violinblöcke sind Blöcke, bei denen die Scheiben nicht neben-, sondern übereinanderliegen. Damit sich die durchlaufenden Taue nicht behinderten, war eine Scheibe größer, die andere kleiner ausgebildet. Violinblöcke findet man z. B. oft für die Rahnocken vor, wobei über die kleine Scheibe die Toppnanten laufen, über die größere die Schoten. Diese Blöcke liegen Ihrem Baukasten, wenn erforderlich, bei und bedürfen außer der Färbung und der eventuellen Nachbearbeitung der Bohrlöcher keiner besonderen Behandlung. Die Befestigungspunkte gehen aus Ihrem Bauplan hervor.

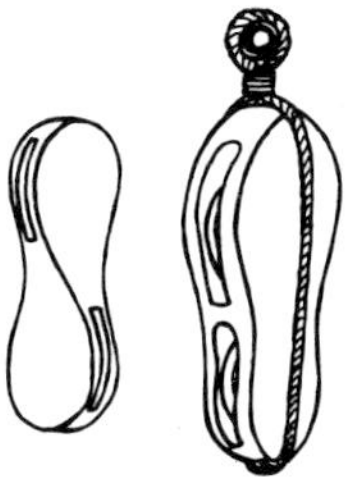

1 2

1 Schuhblock
2 Violinblock

Dodshoofde

Diese Blöcke haben nur ein großes Auge mit drei, vier oder mehreren Einkerbungen zur genauen Lage des Taljereeps. Sie wurden lediglich für Stage oder Wasserstage verwendet. Auch diese Teile sind im Zweifelsfalle im gut sortierten Fachhandel zu beziehen. Die herzförmigen Dodshoofden, die bis zum Anfang des 19. Jahrhunderts verwendet wurden, sind in Beschlagteilkatalogen auch als „Herzblöcke“ aufgeführt. Ab dem frühen 19. Jahrhundert waren die Dodshoofde rund.

1 2

Dodshoofde:
1 Herzform – bis Anfang 19. Jahrhundert
2 runde Form – ab Anfang 19. Jahrhundert

Spinnkloben

Die Spinnkloben waren längliche, spitz zulaufende Blöcke, durch die die Hahnepoten der Marse liefen. Bei Baukastenmodellen kommen sie höchst selten, wenn überhaupt, vor und müssen demnach selbst angefertigt werden. Wegen der Festigkeit dürfte sich hier Buchsbaumholz am besten eignen.

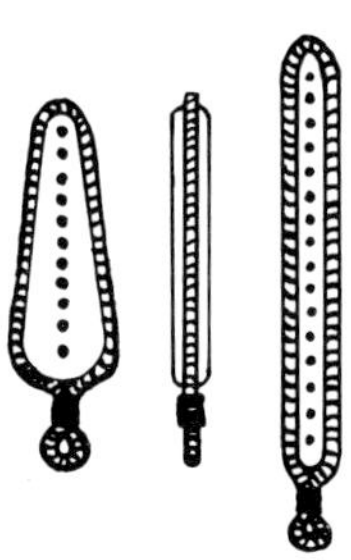

1 2 3

Spinnkloben:
1 15. und 16. Jahrhundert
2 Seitenansicht
3 18. Jahrhundert

Tausendbein

Durch das Tausendbein liefen die Taue des Vorgeschirrs eines Schiffes. Gerade bei Dreideckern des späten 17. Jahrhunderts sind sie oft zu finden. Das Tausendbein war der Länge nach an der Bugsprietzurring befestigt, was man am Modell vorsichtig mit Hilfe von Sekundenkleber bewerkstelligen kann.

Der Leitkragen erfüllte dieselbe Aufgabe. Er war ringförmig auf den Bugspriet aufgesetzt. Tausendbein und Leitkragen sollte man wegen der Festigkeit aus Buchsbaumholz herstellen.

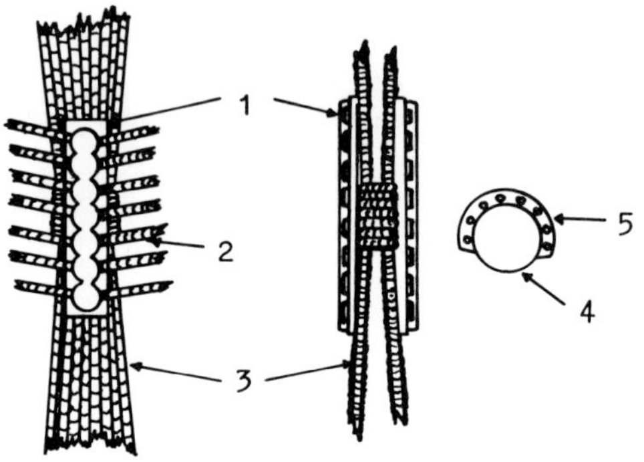

Tausendbein und Leitkragen:
1 Tausendbein, Seiten- und Frontansicht
2 Vorgeschirrtaue
3 Bugsprietzurring
4 Bugspriet (Durchschnitt)
5 Leitkragen

Leitkauschen, Wantklampen

Auch diese Teile kommen bei Baukastenmodellen kaum vor, ich möchte sie aber trotzdem für diejenigen erwähnt haben, die nach einiger Routine Ihr Modell entsprechend verfeinern wollen.

Leitkauschen dienten der Führung von Tauen. Bei ihrer Herstellung kann man einen Rundstab entsprechend zufeilen, die Einkerbung für die Wanten mit Hilfe eines Linolschnitt-Griffes und der entsprechenden Feder vornehmen und eine Bohrung für das durchlaufende Tau anbringen. Mit Hilfe eines Tropfens Kleber und einer Zurring wird der Leitkausch an der Want befestigt.

Wantklampen dienten der Befestigung von Tauen an den Wanten. Sie werden, wie die Leitkauschen, mit einer Einkerbung für die Want versehen und auf die gleiche Art und Weise befestigt.

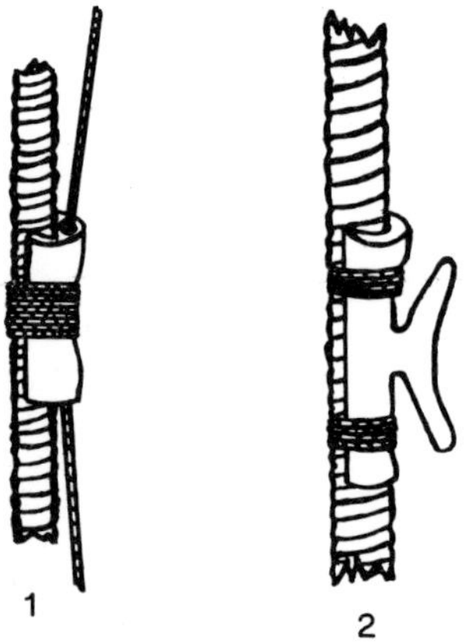

1 Leitkausch
2 Wantklampe

20 Stehendes Gut

Bevor Sie sich nun mit dem stehenden Gut befassen, müssen Sie die fertig montierten Masten und den Bugspriet auf dem Modell verkleben. Achten Sie auf einen guten Sitz dieser Teile, und richten Sie diese vor allen Dingen genau aus. Da Sie hierfür nur Ihr gutes Augenmaß zuhilfe nehmen können, sollten Sie entsprechend Platz schaffen und darauf achten, daß das Modell *völlig gerade* steht. Beachten Sie genau den im Bauplan angegebenen Neigungswinkel von Bugspriet und Masten. Lassen Sie diese Teile über Nacht gut durchtrocknen.

Gehen wir nun zum stehenden Gut über. Als stehendes Gut bezeichnet man alle Taue am Schiff, die feststehen und somit unbeweglich angeordnet sind. Sie dienen zur Abstützung der Masten und waren zur Imprägnierung geteert. Achten Sie daher beim Tauwerk auf die richtige Färbung, wie zuvor beschrieben.

Selbst auf die Gefahr hin, daß ich mich wiederhole, möchte ich nochmals darauf hinweisen, daß alle Takelageteile, auch die des stehenden Gutes, sich von unten nach oben abschwächen.

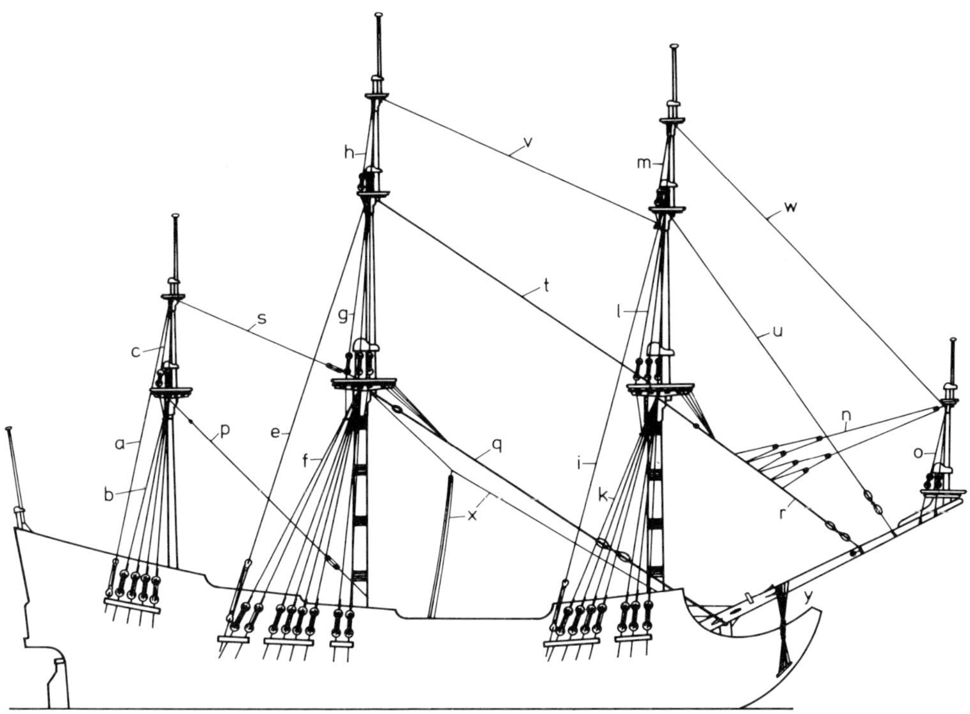

Stehendes Gut einer Fregatte des 17. Jahrhunderts:

a Kreuzstengepardune
b Kreuzwanten (Besanwanten)
c Kreuzstengewanten
e Großstengepardune
f Großwanten
g Großstengewanten
h Großbramwanten
i Vorstengepardune
j Fockwanten
l Fockstengewanten
m Fockbramwanten
n Sprietmastbackstag
o Sprietmastwanten
p Kreuzstag (Besanstag)
q Großstag
r Fockstag
s Kreuzstengestag
t Großstengestag
u Fockstengestag
v Großbramstag
w Fockbramstag
x Ladetakel
y Bugsprietzurring

Die Wanten

Die Wanten stützten die Masten seitlich und nach hinten ab. Je ein Wantenpaar war abwechselnd backbord und steuerbord um den Masttopp gelegt und verzurrt. Bei einer ungeraden Zahl von Wantenpaaren wurde das letzte Wanttau einzeln gezurrt. So müssen Sie das auch am Modell ausführen. Rechnen Sie also für ein Wantenpaar etwas mehr als die doppelte Abstandslänge vom Masttopp bis zur entsprechenden Rüste, Mars oder Saling, da Sie die Jungfern auch noch einbinden müssen.

Das erste Want jeden Mastes bugwärts wurde ab dem frühen 16. Jahrhundert voll gekleidet, um dem Scheuern des Segels an dieser Stelle vorzubeugen. Am Modell kann das erste Wanttau auf voller Länge mit farblich passendem Nähfaden oder dünnem Takelgarn in der Art einer Zurring umwickelt werden.

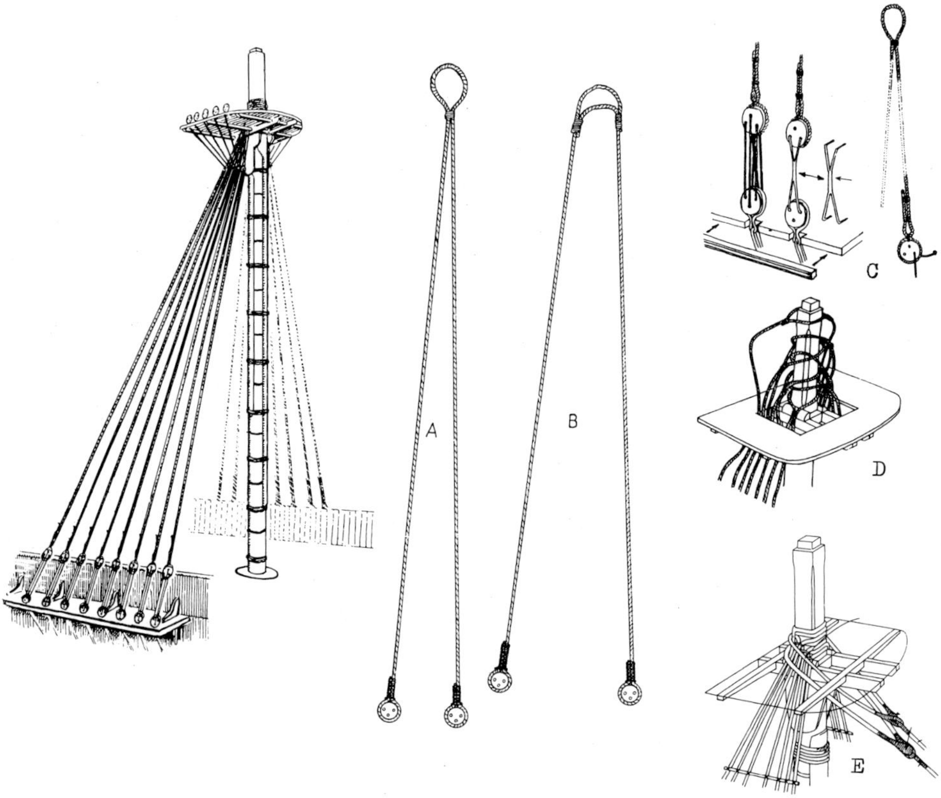

Wanten und Wantbefestigung:

A Legel von Doppelwanten, die nach der gleichen Seite laufen

B Legel für Einzelwanten, von denen jeweils eine nach backbord und steuerbord läuft. In manchen Fällen hatten die Einzelwanten auch einzelne Legel, z. B. an der „Victory"

C Gleiche Abstandshalterung der Wantjungfern mit Hilfe einer kleinen Drahtgabel

D Das Legen der Wanten um den Masttopp

E Masttopp mit Wanten und Stagen versehen

Befestigung an den Jungfern

Ein komplettes Befestigungselement für ein Wanttau besteht aus zwei Jungfern. Die untere Jungfer war vom sogenannten Püttingeisen umgeben, das durch das Rüstbrett lief und an der Bordwand verbolzt war. Die Püttingeisen liegen dem Baukasten bei. Sie müssen lediglich die Aufnahme des Püttingeisens etwas auseinanderbiegen, die Jungfer einlegen und das Püttingeisen wieder zusammenbiegen. Die Aufnahmebohrung für den Befestigungsbolzen an der Bordwand ist zumeist ebenfalls im Püttingeisen schon vorgebohrt. Biegen Sie das Püttingeisen mit Hilfe der Flachzange so zurecht, daß Sie eine gerade Auflagefläche des Püttingeisens an der Bordwand erhalten. Die Püttingeisen sollten bei ihrer Befestigung im gleichen Winkel angebracht werden, dem später auch die Wanten zum Masttopp folgen. Achten Sie auf die Öffnungsmöglichkeit der Stückpfortendeckel bzw. auf die Durchschußmöglichkeit der Geschütze.

Die Einschnitte der Rüstbretter mit den darin befindlichen Püttingeisen werden nun mit der Rüstleiste abgedeckt, die Sie aus einer dünnen Leiste in der Stärke des Rüstbrettes anfertigen und aufkleben.

Der Abstand der oberen zur unteren Jungfer muß nun vom Bauplan abgenommen und eine kleine Drahtgabel angefertigt werden, wie sie auf der Abbildung S. 164 zu sehen ist. Die Drahtgabel sorgt für den richtigen Abstand der Jungfern zueinander, denn es ist ausgesprochen häßlich, wenn die Jungfern alle in unterschiedlicher Höhe zueinander stehen. Wenn Sie die Drahtgabel in die Öffnungen der Jungfern eingesetzt haben, führen Sie das Wanttau von bug- nach heckwärts um die obere Jungfer und spannen das Tau *mäßig*. Üben Sie keinesfalls übermäßigen Zug aus, sonst steht entweder der Mast schief, oder Sie reißen das Rüstbrett ab! Klemmen Sie das Wanttau unmittelbar über der Jungfer mit sich selbst mit Hilfe einer Holzwäscheklammer zusammen, und legen Sie die entsprechende Zurring. Gehen Sie auch hier wieder nach unserem alten System Knoten – Wicklungen – Knoten – Leim vor. Danach wird das überstehende Stück des Wanttaus abgeschnitten.

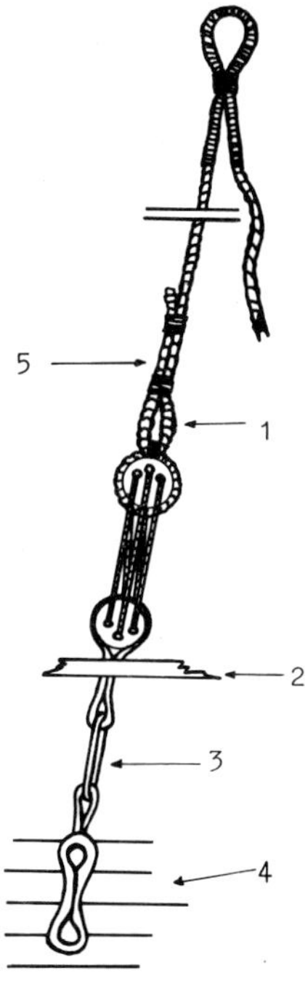

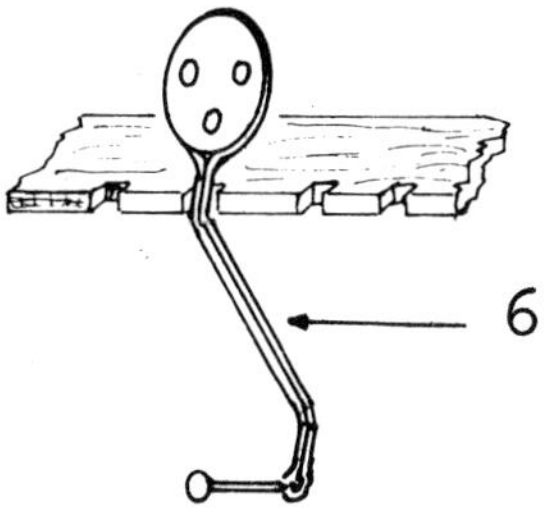

Einzelne Wantendarstellung einer englischen Brigg
1 Wanttau
2 Rüstbrett mit Rüstleiste
3 Püttingeisen
4 Bordwand
5 ***Wichtiger Hinweis:*** *Das kurze, gezurrte Ende des Wanttaus muß immer nach achtern, also in Richtung des Hecks zeigen!*
6 Baukastenübliche Püttingeisen

Die Verbindung der beiden Jungfern untereinander wird nach Entfernen der Drahtgabel mit Hilfe eines dünnen Taus hergestellt. Es sollte etwa ein Drittel der Stärke des dazugehörigen Wanttaus haben. Nehmen Sie etwa die siebeneinhalbfache Länge der Entfernung der Jungfern untereinander für das Tau, und machen Sie am Ende einen Knoten. Führen Sie das Tau von binnenbords durch das obere, von außenbords gesehen rechte Loch der Jungfer abwärts zum rechten Loch der unteren Jungfer. Führen Sie nun das Tau durch dieses zum oberen mittleren Loch, durch dieses abwärts zum unteren mittleren Loch, dann durch dieses zum oberen linken Loch, wieder durch dieses zum unteren linken Loch und danach aufwärts über die obere Jungfer, wo es verknotet wird.

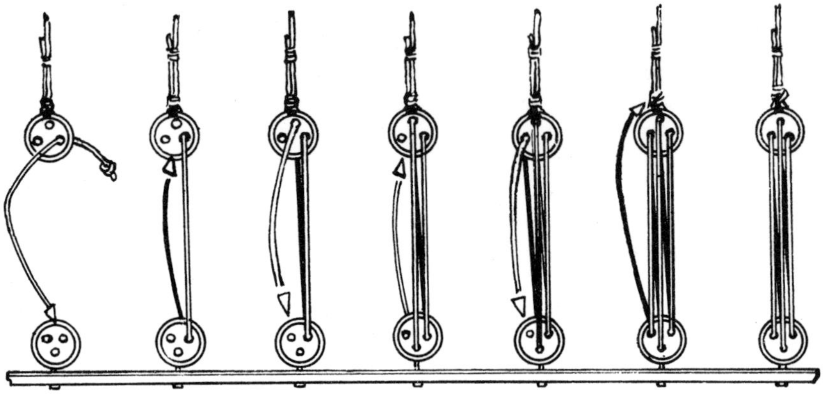

Die Führung des Taljereeps durch die Wantjungfern

Webleinen

Webleinen waren dünne Taue, die die Wanten untereinander verbanden und den Matrosen zum Aufentern dienten. Für Webleinen verwenden Sie am besten farblich zu den Wanten passenden Nähfaden. Dies ergibt einen sehr schönen Kontrast zu den dicken Wanten. Zu dicke Webleinen sind ein häufig zu sehender Fehler an vielen Modellen und wirken sich höchst störend auf den Gesamteindruck aus. Die Webleine wird am ersten und letzten Want verknotet und dazwischen mit dem sogenannten „Webleinenstek“ ausgeführt, der nachstehend abgebildet ist. Die Webleinen müssen absolut parallel zur Wasserlinie verlaufen, gleichgültig, in welchem Neigungswinkel das Rüstbrett oder die Bordwand verläuft! Sie sollten auch auf eine dem „Maßstabmännchen“ angepaßte Tritthöhe achten. Die Webleine sollte auch nicht straff von einem Wanttau zum anderen laufen, sondern leicht durchgebogen sein, wie das ja auch im Original der Fall war.

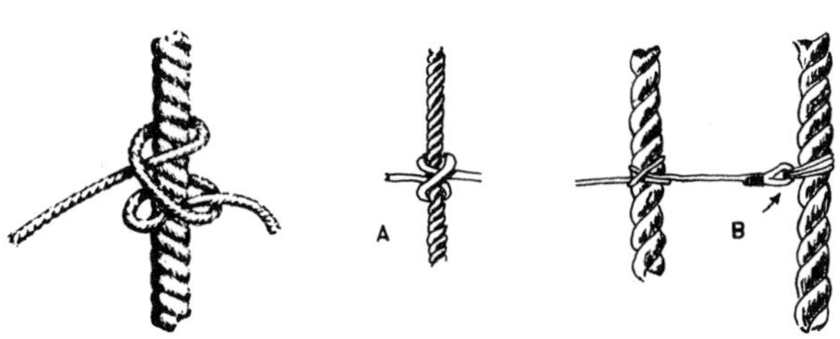

Webleinen:
Die Webleinen werden mit dem Webleinenstek (A) an den Wanten befestigt. An der ersten und letzten Want werden die Webleinen gesichert, wie Abb. B zeigt.

Mars-, Bram- und Royalwanten

Für diese Wanten trifft effektiv zwar das gleiche zu, wie das schon zuvor Erwähnte. Der Unterschied besteht hier aber beim Befestigungstau der unteren Jungfer, da beim Modellbaukasten kein Püttingeisen für die Püttingswanten vorhanden ist. Das umlaufende Tau der unteren Wantjungfer der Mars-, Bram- oder Royalwanten muß also gleichzeitig die Püttingswanten bilden.

Die unteren Jungfern, die auf der Mars, der Bram- oder Royalsaling aufsitzen, werden mit einem Tau der Stärke der dazugehörigen Mars-, Bram- oder Royalwanten eingebunden und gezurrt, das Tau wird durch die vorgesehenen Öffnungen geführt und an den Unterwanten befestigt, wie das aus der nachfolgenden Abbildung hervorgeht.

Bei vielen Schiffsmodellen sieht man im Ansatzbereich der Püttingswanten stark zur Mars hin abgeknickte Wanten, was vom Zug der darüber angeordneten Wanten herrührt. Dieses schlechte Bild kann man vermeiden, wenn man nach der Durchführung des Taus durch die Marsbohrung direkt unterhalb der Mars einen Knoten anbringt, wodurch der Zug der Marswanten nicht mehr von den Unterwanten, sondern von der Mars selbst getragen wird, da der Knoten die Zugkräfte stoppt.

Die Püttingswanten waren am Originalschiff an der sogenannten „Wurst", einem vollständig gekleideten Tau, das hinter oder vor den Wanten quer befestigt war, angezurrt. Das müssen Sie im Modell natürlich nicht darstellen, wenn es vom Maßstab her unangebracht erscheint. Verknoten Sie die Püttingswanten daher mit den Unterwanten, und legen Sie ggf. eine Zurring. Wie die Wanten, wurden auch die Püttingswanten mit Webleinen verbunden.

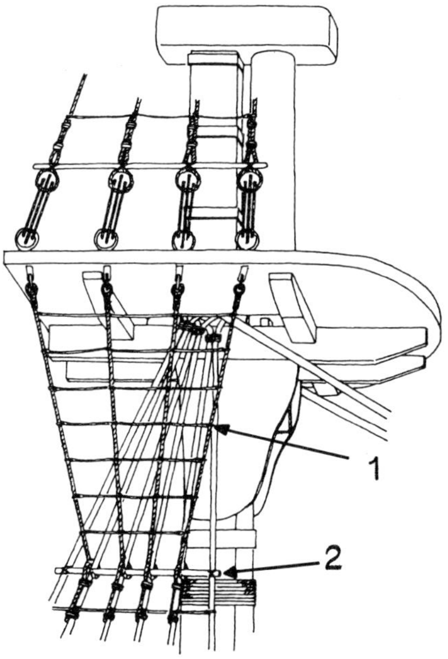

Die Püttingswanten:
1 Püttingswanten
2 Wurst

Pardunen

Die Pardunen hatten die Aufgabe, die Stengen abzustützen. Pardunen wurden ab 1550 eingeführt, danach nahm ihre Zahl rasch zu. Man unterscheidet stehende und fliegende Pardunen.

Stehende Pardunen waren an Jungfern befestigt, ebenso wie die Wanten. Die Jungfern waren allerdings etwas kleiner, etwa von der Größe der Stengewanten, und saßen manchmal auf eigenen Pardunenrüsten (etwa bei der „Victory").

Fliegende Pardunen waren beweglich angeordnet, d. h. daß sie mit Hilfe von Blöcken getakelt waren und das Ende des Takels an Belegnägeln oder Klampen an Deck befestigt war.

Vielfach fuhren die Schiffe eine Kombination von stehenden und fliegenden Pardunen gleichzeitig. In jedem Fall gibt Ihr Bauplan nähere Auskunft.

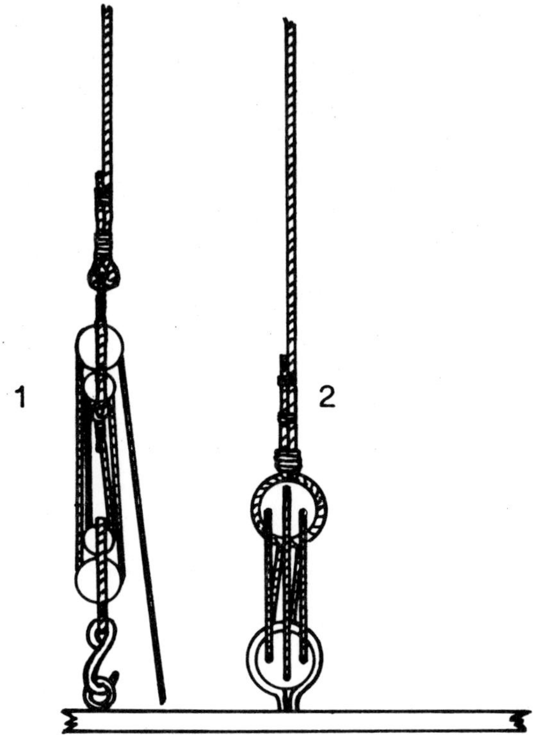

Pardunen:
1 fliegende Pardune
2 stehende Pardune

Bugsprietzurring

Die Bugsprietzurring verband den Bugspriet fest mit dem Galionsscheg, damit der Bugspriet nicht durch den starken Zug der Fockstage nach oben abscheren konnte.

Mit Sicherheit haben Sie schon im Galionsscheg die erforderliche Öffnung für die Sprietzurring ausgearbeitet, so daß Sie jetzt den Bugspriet ohne weitere Probleme zurren können. Sollten Ihnen bei der Arbeit Galionsspanten oder Grätings im Wege sein, müssen Sie eine Pinzette zu Hilfe nehmen. Charakteristisch für die Bugsprietzurring ist, daß sie überkreuzend gelegt wurde, d. h. bei jeder Windung, die Sie am Bugspriet *vor* die letzte legen, müssen Sie diese am Scheg *hinter* die letzte Windung legen, damit sich die Taue in der Mitte überkreuzen. Sie sollten etwa 8 bis 11 Windungen legen. Das Ende des Sprietzurringtaus wird in der Mitte einige Male um die Überkreuzung der Windungen gelegt und befestigt. Zur Sicherung vor dem Abrutschen der Sprietzurring vom Bugspriet wurden 3 bis 5 Befestigungsklampen angebracht. Große Schiffe hatten eine doppelte Bugsprietzurring.

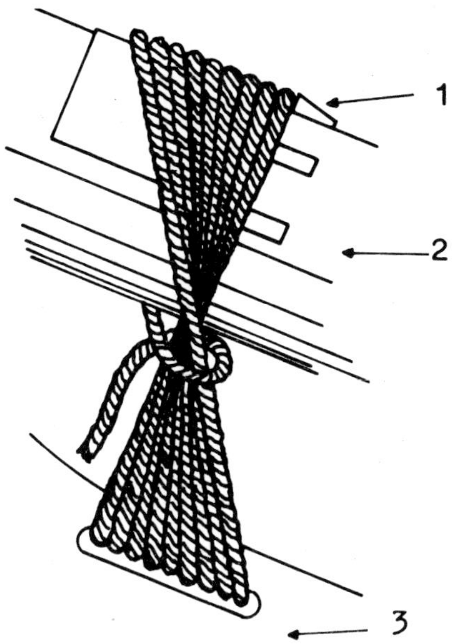

Das Legen der Bugsprietzurring:
1 Befestigungsklampe
2 Bugspriet
3 Galionsscheg

Stage

Stage waren ebenfalls wie Wanten und Pardunen Stütztaue, die Bugspriet, Masten und Stengen untereinander verbanden. Natürlich verringerte sich auch hier der Durchmesser der Taue von unten nach oben, was bei vielen Modellbaukästen leider unberücksichtigt bleibt.

Am Ende des Stagtaus bildete man ein Auge (gespleißte Öffnung) und führte das Stagtau dann um den Masttopp durch das Auge abwärts. Damit sich unter Spannung das Auge nicht zum Masttopp zog, wurde eine Verdickung, die sogenannte „Maus", angebracht.

Machen Sie an der vorgesehenen Stelle der Maus mit dem Stagtau einen Knoten, der dann mit einem dünnen Tau wie eine Zurring umwickelt wird. Im Original war die Maus zwar birnenförmig und regelrecht ausgewebt, was mir aber bei kleinmaßstäblichen Modellen schier undurchführbar scheint.

Steifgesetzt wurden die Stagtaue mit großen Dreifachblöcken, Jungfern oder Dodshoofden. Auch hier sollten Sie zunächst das umlaufende Stagtau der Blöcke nach diesen mit sich selbst mit Hilfe einer Wäscheklammer festklemmen und die Zurring des oberen sowie des unteren Blockes legen. Danach werden die Blöcke mit einem dünneren Tau untereinander verbunden, auf Spannung gebracht und verzurrt. Achten Sie bitte darauf, daß die Spannung zwar so groß ist, daß das Stag fest steht, aber andererseits nicht die Wanten oder Pardunen verzieht. Nach oben zu wurden, wie bereits gesagt, die Stagtaue dünner und demzufolge natürlich auch die entsprechenden Blöcke kleiner.

Bei Bram- und Royalstagen wurde keine Maus mehr verwendet, das Stag wurde mit einem gezurrten Auge über das Topp der Stenge gelegt.

Große Schiffe hatten den Groß- oder Fockstag oft doppelt angeordnet und die beiden Stage waren mit einem dünnen Tau in Zick-Zack-Linie verbunden. Dies führt man am besten mit Hilfe einer Nähnadel aus. Man fädelt das dünne Tau ein und stößt die Nadel immer zickzackweise von einem Stag zum anderen durch. Eine Befestigung mit den an sich fachgerechten Stekschlingen erscheint mir wenig sinnvoll, da sonst manche Taue durchhängen, andere zu straff sitzen. Im Maßstab 1:50 sollte man jedoch mit viel Geduld diese Arbeit dem Original entsprechend ausführen.

Großstag und dessen Befestigung am Masttopp. Das untere Ende des Stages führt um den Bugspriet:
1 Untermast
2 Masttopp
3 Quersaling
4 Längssaling
5 Wanten
6 Stage (Doppelstag)
7 Maus

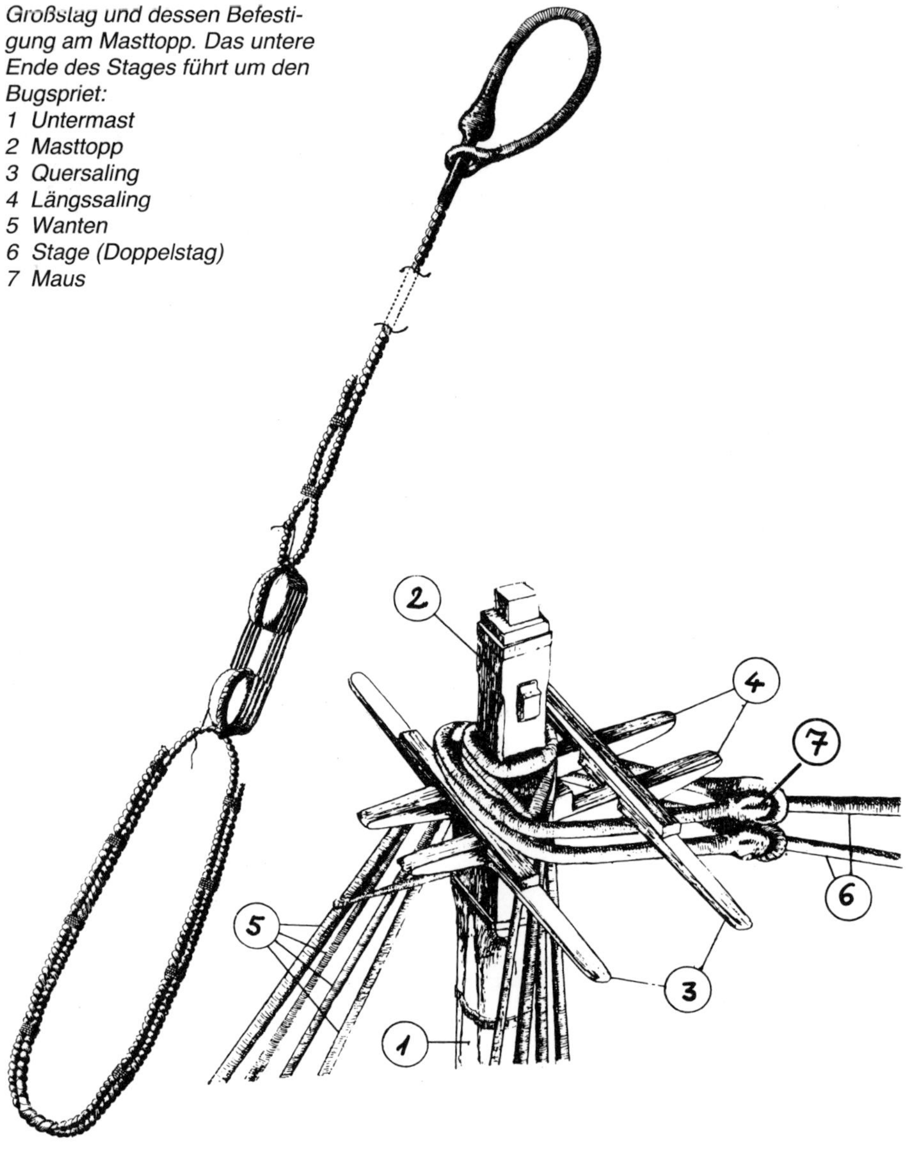

Zwei Möglichkeiten der Doppelstagverbindung am Originalschiff: (Borgstag)
1 Stekschlingen
2 Zurring

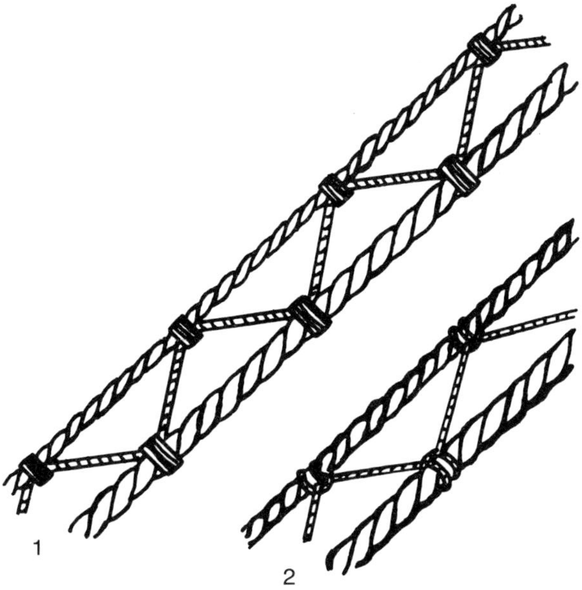

Ladetakel

Zum Hieven von Lasten oder Gerätschaften und beim Zuwasserbringen der Beiboote waren Ladetakel notwendig, die sich zwischen Groß- und Fockmast parallel zum Großstag befanden oder direkt am Großstag befestigt waren, weshalb auch der Name Stagtakel im Gebrauch ist.

Der untere Block des Takels hatte einen angestroppten Haken zum Einhängen der Last, das Ende des durchlaufenden Taues war an einer Klampe auf Deck befestigt. Größere Schiffe hatten doppelte Stagtakel im Gebrauch.

Sollten Seitentakel an Ihrem Modell vorkommen, führen diese von dem Masttopp der Untermasten zu den Rüsten, wobei das laufende Ende des Takels an einem Belegnagel

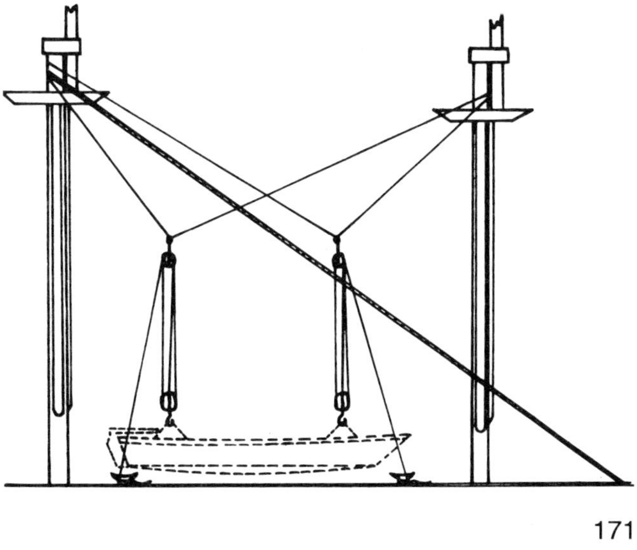

Das Stagtakel diente dem Zuwasserbringen der Beiboote oder zum Heben von anderen Gerätschaften

oder an sich selbst befestigt wird, während bei Stenge-Seitentakeln das Takel vom Masttopp der Stenge zur Mars lief.

Sollte dies alles an Ihrem Modell angebracht werden müssen, gibt Ihnen der Bauplan über die Art und Befestigung der Seitentakel sicherlich genau Aufschluß.

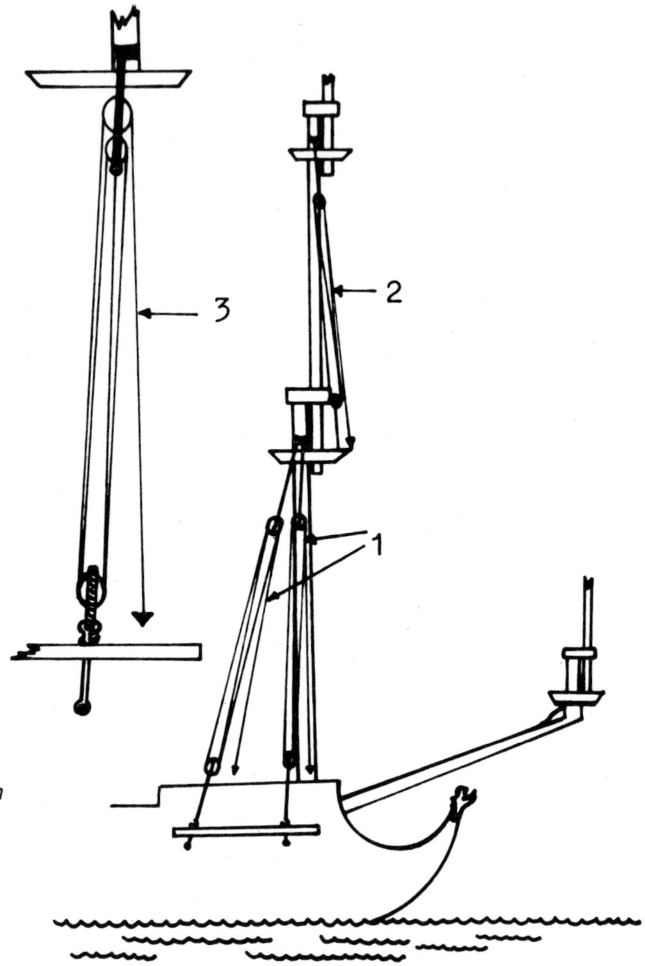

Das Seitentakel:
Fock- und Großmast führten jeweils zwei Paar Seitentakel, während am Besanmast nur ein Paar gebräuchlich war.
An den Marsstengen war ein Paar Seitentakel üblich.
1 Fockseitentakel
2 Fockstengeseitentakel
3 Seitentakel mit Talje

Bugstag, Wasserstag

Neben der Bugsprietzurring hatte der Wasserstag die Aufgabe, die Kräfte der Fockstage auszugleichen. Der Bugstag sicherte den Bugspriet seitlich.

Der Wasserstag ging vom Bugspriet aus und war hier mit Klampen vor dem Niederrutschen gesichert. Das andere Ende des Stages führte durch Öffnungen im Galionsscheg. Steifgesetzt wurde der Wasserstag durch Jungfern oder Dodshoofden.

Der Bugstag ging ebenfalls vom Bugspriet aus, war ebenso mit Klampen gesichert, mit Jungfern oder Dodshoofden steifgesetzt und mit dem anderen Ende an einem Ringbolzen der Bordwand befestigt.

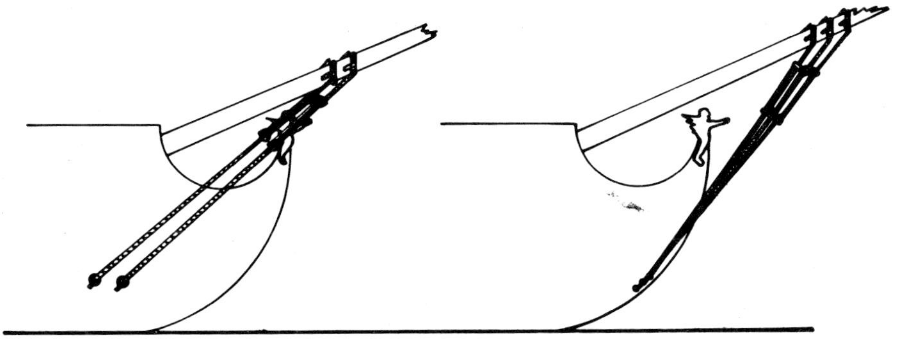

Bugstag und Wasserstag, Mitte 18. Jahrhundert

Backstag, Vorstengestag, Besanstengestag

Diese Stage waren oftmals, vor allen Dingen in der Mitte des 17. Jahrhunderts, mit mehreren Spruten und Blöcken versehen. Das Problem für den Modellbauer besteht zweifellos darin, eine gleichmäßige, aber nicht zu starke Spannung aller Taue zu erreichen.

Mit dem Anknoten der Taue der Spruten erreichen Sie allenfalls, daß manche Taue zu straff, manche zu locker sitzen, was keinen besonders guten Eindruck hinterläßt. Besser ist es hier, wieder mit Hilfe einer etwas größeren Nadel die Spruten durch die dicken Stage oder Wanten zu ziehen, die Enden der Spruten überstehen zu lassen und alles genau auszurichten. Wenn alles einen gleichmäßigen Zug hat, können Sie auf die Unterseite des Stages einige kleine Leimtröpfchen anbringen und die Taue danach abschneiden.

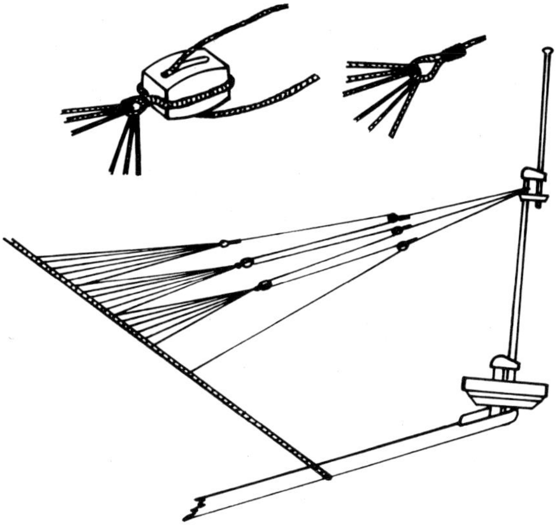

Backstag der schwedischen „Wasa" 1628. Diese Methode war bei französischen und holländischen Schiffen jener Zeit gebräuchlich.
Je nach Land und Zeit war die Anzahl der Blöcke und Spruten verschieden, so daß nur der Bauplan nähere Auskunft geben kann.

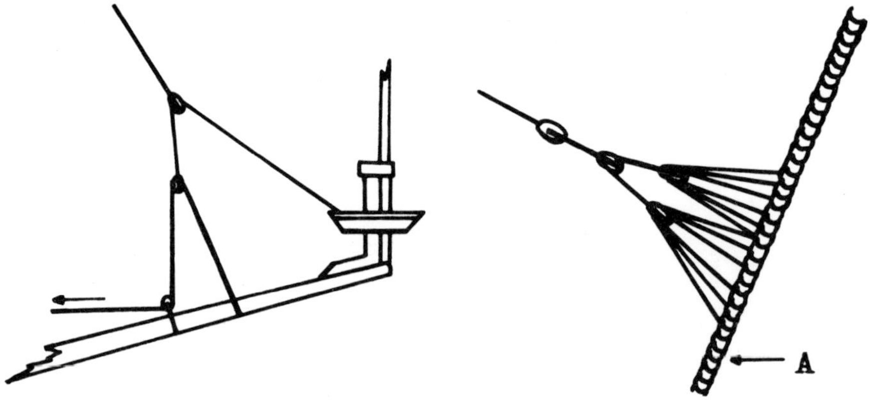

Vorstengestag und Besanstag:
Auch hier sind abweichende Lösungen möglich. Nur der individuelle Bauplan kann genaue Auskunft geben. A bezeichnet das letzte Wanttau der Großmastwanten nach achtern gesehen

Halsbaumwanten (Papageienstockwanten)

Bei Schiffen des 18. Jahrhunderts wurden die Fockhalsen nicht mehr – wie bis dahin üblich – durch eine Öffnung des Galionsschegs geführt, sondern durch Blöcke an der Nock des Halsbaumes geschoren.

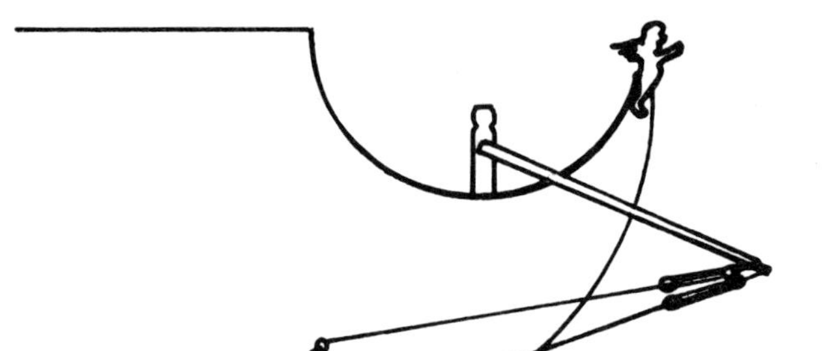

Die Halsbaumwanten eines Schiffes des 18. Jahrhunderts

Der Halsbaum war eine Spiere, die binnenbords auf dem Galion verbolzt war, oder man befestigte sie an einem aufrecht stehenden Vierkantholz in der Form eines Knechtes. Die Spiere führte schräg abwärts laufend über eine Aussparung des oberen Galionsriegels außenbords. Das vordere Want des Halsbaumes lief von diesem durch eine Öffnung des Galionsschegs zum Halsbaum der gegenüberliegenden Seite, das hintere Want war an einem Ringbolzen an der Bordwand befestigt. Steifgesetzt wurden diese Wanten ebenfalls mit Blöcken.

21 Laufendes Gut

Als laufendes Gut bezeichnete man alle beweglich angeordneten Taue, die für das Bedienen der Rahen und Segel erforderlich waren. Beachten Sie auch hier wieder die richtige Färbung, wie in Teil 18 „Takelgarn und Taue“ beschrieben.

Zum jetzigen Zeitpunkt müssen die Rahen Ihres Modells angebracht werden, die Sie bereits mit den erforderlichen Blöcken, Fußperden und Segeln versehen haben. Um den Mast wurden die Rahen mit den Racks gezurrt, damit die Rahen seitlich sowie auf- und abwärts leichter beweglich waren.

Auf einem guten Modell – zumindest im Maßstab 1:50 oder 1:75 – sollten die Racks zu sehen sein.

Die Racks bestanden aus einer Anordnung von 2 bis 3 Reihen übereinanderstehender Taue, die mit Hilfe von Kugeln, den Klotjes, und dazwischenliegenden Abstandsbrettern, den Schlieten, um den Mast gelegt waren. Mit Hilfe von Racktaljen konnte das Rack unter Spannung gehalten werden. Dies muß man allerdings beim Modell nicht unbedingt zeigen, den Maßstab 1:50 eventuell ausgenommen. So gesehen erfüllte das Rack die gleiche Aufgabe wie heute vergleichsweise ein Kugellager. An den Bram- oder Royalstengen genügt zur Darstellung des Racks eine einfache Tauschlinge.

Ich möchte das zuvor Gesagte noch einmal wiederholen: Achten Sie auf die richtige Anbringungshöhe bei der Montage der Rahen. Bei gesetzten Segeln müssen die Rahen an der Position unterhalb der Mastbacken, also so wie im Bauplan meist aufgezeigt, befestigt werden. Bei einem Modell ohne oder mit teilweise aufgezogenen oder geborgenen Segeln muß die Rahe auf mindestens $^{1}/_{3}$ der Stengenhöhe herabgesenkt sein! Alles andere ist Murks und entwertet Ihr Modell ganz erheblich.

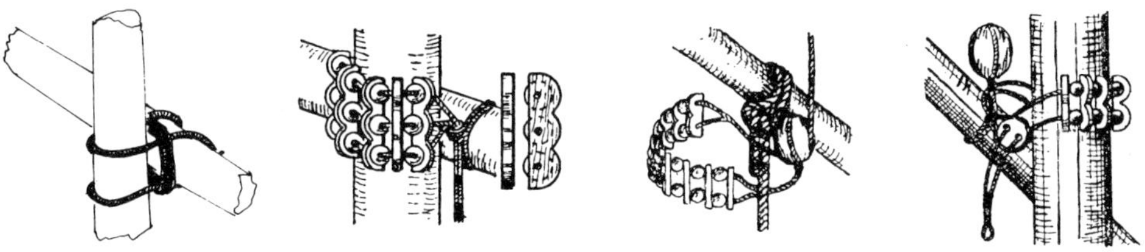

Das Rack:
ganz links, einfaches Taurack der Bram- und Royalrahen
rechts, Kugelrack der Unterrahen, Marsrahen und der Besanrute

Die Führung des laufenden Gutes erscheint vielen, vor allen Dingen Neulingen, sehr verwirrend. Der eine oder andere ist daher versucht, das laufende Gut einfach „irgendwo“ zu befestigen, in der Annahme, daß man es im Endeffekt ja doch nicht sieht. Aber das ist falsch und macht somit das ganze Modell zunichte. Wenn man sich bis hierher viel Mühe mit seinem Modell gegeben hat, sollte man jetzt nicht zu pfuschen beginnen.

Bei einem kleineren oder mittleren Modell mit nicht zu aufwendiger Takelage ist das laufende Gut keine besonders große Affäre, bei einem Dreidecker im Maßstab 1:100 wird man kaum das gesamte laufende Gut darstellen können. Das ist auch nicht unbedingt notwendig, aber das, was man zeigt, sollte fachlich hieb- und stichfest sein.

Die Takelung eines Schiffes war, wie bereits erwähnt, ständigen Umwälzungen unterworfen, und nicht selten änderten die Kapitäne die Takelage ab. Daher kann man auch keine allgemein gültigen Hinweise geben.

Sollte der Bauplan keine genauen Aufschlüsse über die Belegung des laufenden Guts an Deck geben, können Sie die nachfolgende Zeichnung zu Rate ziehen, die für ein Schiff des 17. bis18. Jahrhunderts verwendbar ist.

Erläuterungen zum Plan des laufenden Gutes ▶

Die Zahlen benennen das laufende Gut, die Buchstaben bezeichnen die Segel.
Die Abbildungen zeigen Takelung und Besegelung eines Dreimasters aus dem 17. Jahrhundert. Andere Anordnungen sind selbstverständlich möglich. Die Zeichnungen sollen jedoch Hilfestellung geben, wenn ein Bauplan keine kompletten Segel- und Belegungspläne aufweist.
Es ist jedoch zu bedenken, daß nicht unbedingt alle Taue am Modell vorhanden sein müssen. Maßstab und Übersichtlichkeit begrenzen oftmals das Einsetzen aller Taue einer Takelage.

1) Dirk (mit Spruten)
2) Besan-Gording
3) Besan-Gording
4) Besan-Gording
5) Besan-Gording
6) Großbrasse
7) Großbrambrasse
8) Großmarsbrasse
9) Geitau (Kreuzsegel)
10) Kreuzstag
11) Halstaljen (Pispotten)
12) Großschot
13) Kreuzstengestag
14) Kreuzbrasse
15) Kreuzbulin
16) Großbrasse
17) Bagienbrasse
18) Toppnant (Großbramrah)
19) Toppnant (Großmarsrah)
20) Toppnant (Großrah)
21) Wanten
22) Pardunentalje
23) Großbramfall
24) Großmarsfall
25) Großbramgeitau
26) Großbramschot
27) Großmarsgeitau
28) Großmarsschot
29) Geitau
30) Großbramstag
31) Bulin
32) Großstengestag
33) Vormarsbrasse
34) Bulin (mit Spruten)
35) Vorbrasse (Fockbrasse)
36) Großstag
37) Bulin
38) Fockschot
39) Großhals
40) Vorbrambrasse
41) Bulin
42) Nockgording
43) Bulin
44) Nockgording
45) Bulin
46) Fockhals
47) Buggording
48) Buggording
49) Buggording
50) Buggording
51) Vorbramstag
52) Nockgording
53) Vorstengestag
54) Nockgording
55) Fockstag
56) Geitau
57) Geitau
58) Konterbrasse
59) Achterbrasse

A) Kreuzsegel
B) Besan
C) Großbramsegel
D) Großmarssegel
E) Großsegel
F) Vorbramsegel.
G) Vormarssegel
H) Fock
I) Blinde
K) Oberblinde

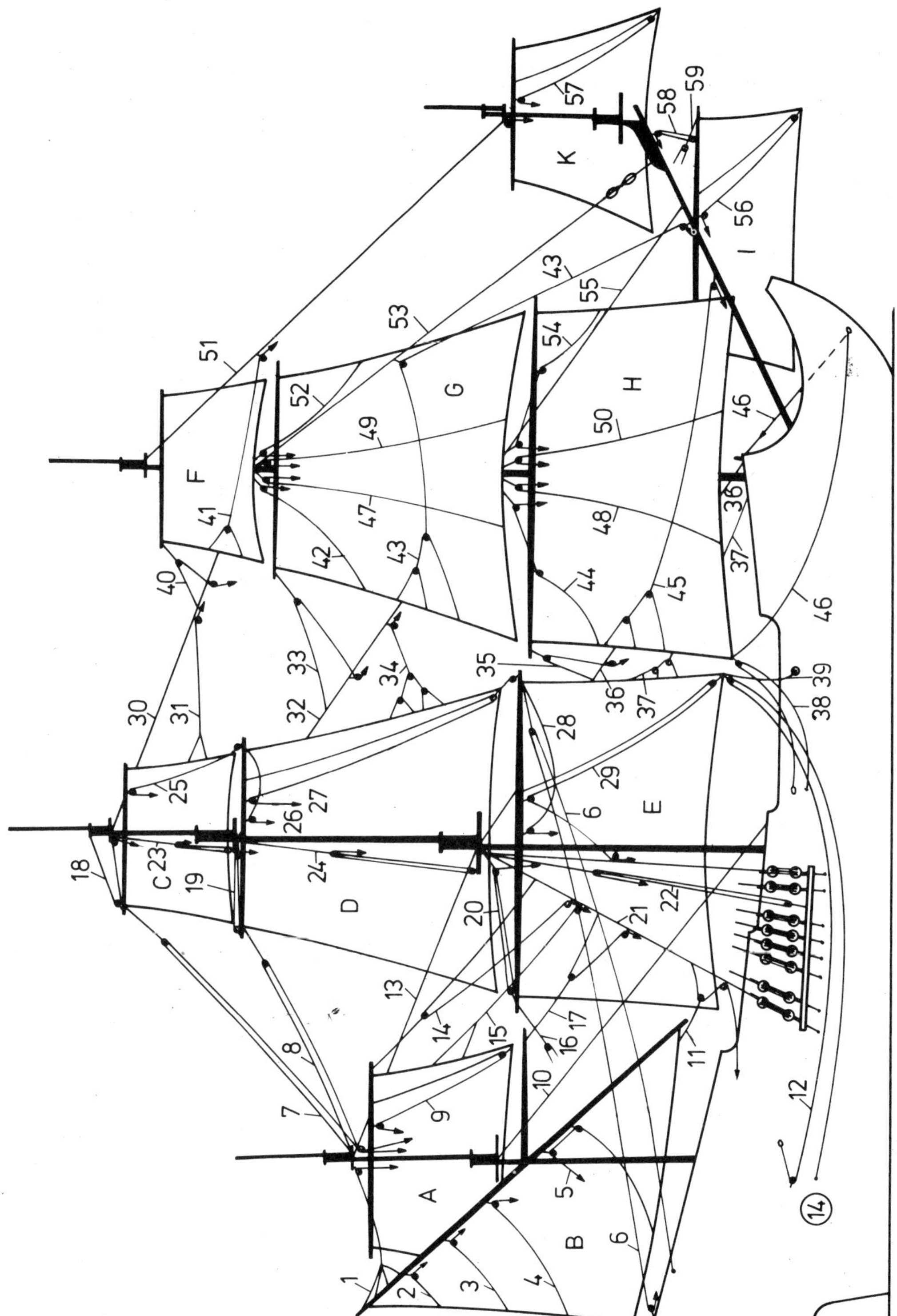

A
B
C
D
E
F
G
H
I
K
1 2 3 4 5 6 7 8 9 10
11 12 13 14 15 16 17 18 19 20
21 22 23 24 25 26 27 28 29 30
31 32 33 34 35 36 37 38 39 40
41 42 43 44 45 46 47 48 49 50
51 52 53 54 55 56 57 58 59 60
⑭

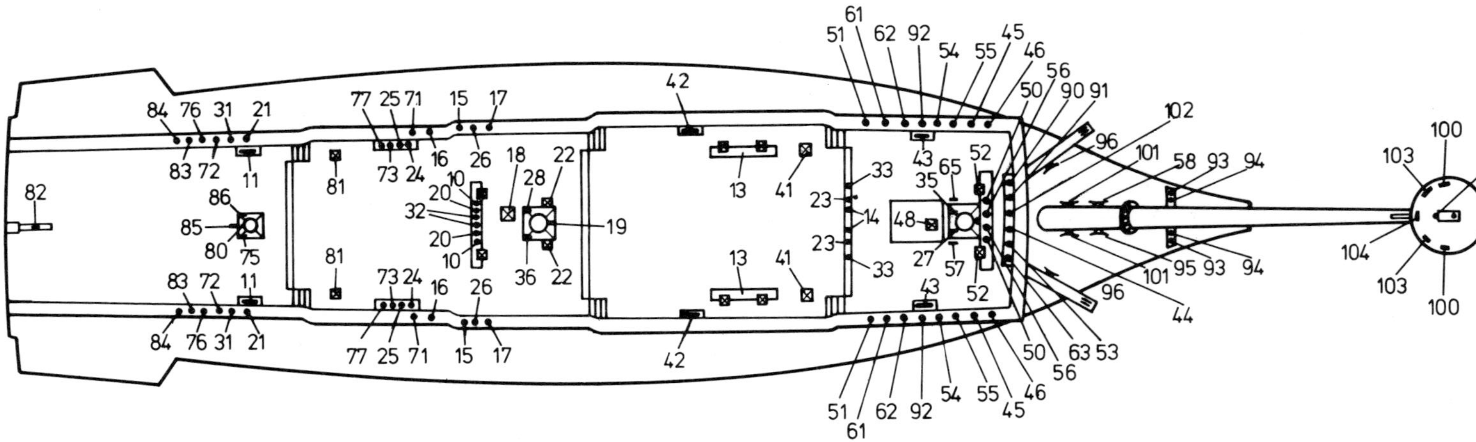

Vorschlag für die Belegung des laufenden Gutes

Kreuzsegel
70) Toppnanten
71) Brassen
72) Schoten
73) Bulins
74) Geitaue
75) Fall
76) Toppnanten (Bagienrah)
77) Brassen (Bagienrah)

Besansegel
80) Dirk
81) Halstaljen (Pispotten)
82) Schot
83) Buggordings
84) Nockgordings
85) Racktalje
86) Fall

Großsegel
10) Toppnanten
11) Brassen
12) Schoten
13) Halsen
14) Bulins
15) Buggordings
16) Nockgordings
17) Geitaue
18) Fall
19) Racktalje

Großbramsegel
30) Toppnanten
31) Brassen
32) Schoten
33) Bulins
34) Geitaue
35) Großbramstagtalje
36) Fall

Großmarssegel
20) Toppnanten
21) Brassen
22) Schoten
23) Bulins
24) Buggordings
25) Nockgordings
26) Geitaue
27) Großstengestagtalje
28) Fall

Fock
40) Toppnanten
41) Brassen
42) Schoten
43) Halsen
44) Bulins
45) Buggordings
46) Nockgordings
47) Geitaue
48) Fall
49) Racktalje

Vormarssegel
50) Toppnanten
51) Brassen
52) Schoten
53) Bulins
54) Buggordings
55) Nockgordings
56) Geitaue
57) Fall
58) Stagtalje

Vorbramsegel
60) Toppnanten
61) Brassen
62) Schoten
63) Bulins
64) Geitaue
65) Fall
66) Stagtalje

Blinde
90) Konterbrassen
91) Achterbrassen
92) Schoten
93) Geitaue
94) Buggordings
95) Vorholer
96) Ankertalje

Oberblinde
100) Toppnanten
101) Brassen
102) Schoten
103) Geitaue
104) Fall

An den Püttingswantjungfern auf den Marsen wurden die Toppnanten und Geitaue von Vorbram-, Großbram- und Kreuzsegel belegt. Racktaljen und Stagtaljen wurden an ihrem unteren Block belegt.

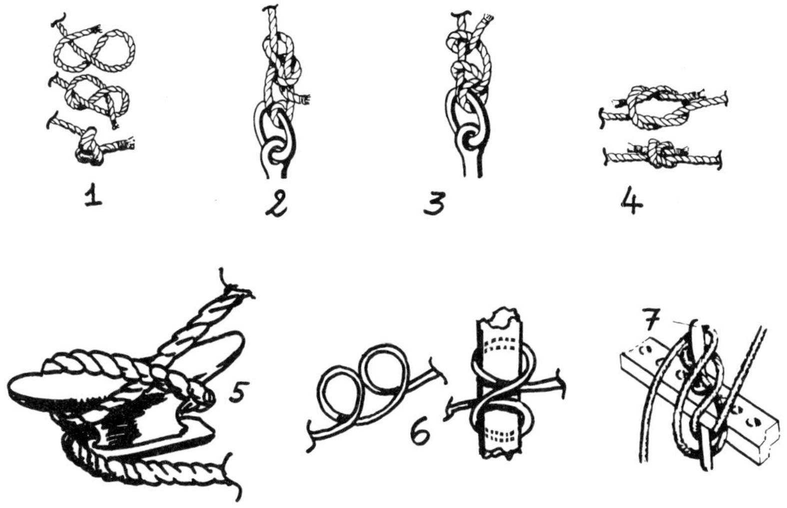

1 Schlußknoten (Savoiaknoten), wie er am Ende eines jeden Taues angebracht werden sollte
2 Doppelter Pfahlstich zum Legen einer Schlinge
3 Draggenstek
4 Weberknoten zur Verbindung zweier Taue
5 Klampenstek
6 Webleinenstek
7 Belegnagelstek, mit dem die Taue des laufenden Gutes an den Belegnägeln befestigt werden

Toppnanten

Die Toppnanten dienten dazu, die Rahen in ihrer waagrechten Lage zu halten. Sie liefen, von Saling oder Eselshaupt ausgehend, durch Blöcke an den Rahnocken zurück zur Saling oder Eselshaupt und durch Blöcke den Mast bzw. die Stenge herunter zur Belegstelle.

Brassen

Die Brassen dienten der seitlichen Drehung um den Mast. Brassen laufen wie die Toppnanten durch Blöcke an den Rahnocken (Rahenden), von diesen durch Blöcke auf den Stagen und von dort aus an Deck, wo sie durch Blöcke oder Ringbolzen geführt und an Klampen belegt werden. Die Führung der Brassen ist von Modell zu Modell unterschiedlich und kann mit letzter Klarheit nur aus dem individuellen Takelplan hervorgehen.

Fallen

Als Fallen bezeichnet man Taue, mit denen die Rahen an Masten und Stengen auf- und niedergezogen werden. Die Fallen laufen durch Blöcke unterhalb der Mars oder Saling an Deck und sind in Knechten geführt und an diesen belegt.

Schoten

Die Schoten drehten die unteren Ecken der Rahsegel (Schothörner) in den Wind, Zugrichtung nach achtern. Die Schoten der Untersegel waren, da die Unterrahen ja erheblich länger als das Schiff breit sind, durch Löcher der Bordwand (im Schanzkleid) geführt und binnenbords (innen) am Schanzkleid an Klampen belegt. Die Untersegel haben auch Schoten, die bugwärts führen. Man nennt sie Halsschoten. Die Halsschot des Fockmastes läuft durch einen Block des Halsbaums und von dort zurück auf die Back, wo sie an einer Klampe belegt ist.

Die Schoten der Mars-, Bram- oder Royalsegel laufen durch Blöcke an den Rahnocken der darunterliegenden Rahe entlang bis in Mastnähe und von dort aus durch einen Block abwärts zum entsprechenden Belegnagel.

Geitaue

Die Geitaue ziehen beim Bergen der Segel die Schothörner nach oben. Sie sind hinter den Segeln angeordnet. Die Geitaue sind an der entsprechenden Rahe befestigt, laufen abwärts zum Block am Schothorn, wieder aufwärts zu einem Block unter der Rahe dicht am Mast und von dort über einen Zwischenblock abwärts zur Belegstelle.

Buggording

Die Buggordings heben beim Segelbergen (aufziehen) die Masse des Segeltuches vom unteren Liek nach oben. Sie laufen um das Segel von oben nach unten herum durch einen Block dicht am Mast abwärts zur Belegstelle.

Nockgording

Die Nockgordings ziehen das Seitenliek zur Rahmitte hin.

Bulins

Die Bulins ziehen die Seitenlieks in den Wind, Zugrichtung nach vorne.

Halstaljen

Die Halstaljen halten das untere Nock der Besanrute. Das laufende Gut geht vom Want des Großmastes aus zum Block an der Rahnocks der Besanrute, von dort zurück durch einen Block am Want und davon abwärts zur Belegstelle.

Konterbrassen

Als Konterbrassen bezeichnet man die Toppnanten der Blinderah.

Vorholer

Der Vorholer ist das Fall der Blinderah.

Spruten

Spruten nennt man alle fächerartig aufgeteilten Taue an Dirk, Bulin und anderen Stellen. Die Spruten der Mars bezeichnet man als Hahnepoten.

Dirk

Die Dirk zieht das obere Nock (Rahende) der Besanrute zur Kreuzstenge.

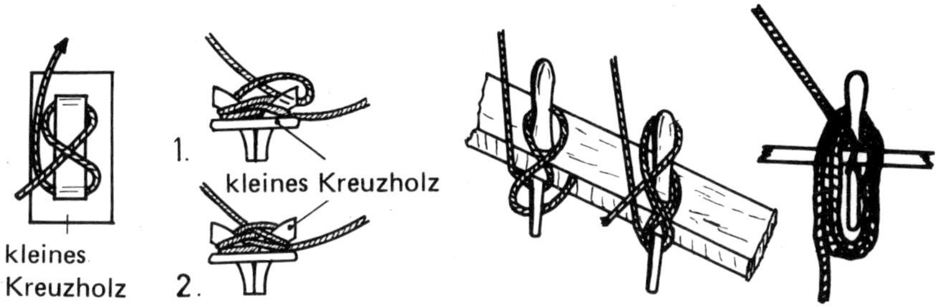

Belegstellen

Die Taue werden an der Reling oder auf Deck an den Mastbetingen, Nagelbänken oder Klampen belegt oder befestigt. Zur ungehinderten Beweglichkeit war natürlich am einzelnen Tauende eine entsprechende Überlänge vorhanden. Dieses aufgeschlossene Tau, das über dem jeweiligen Belegnagel hing, können Sie separat fertigen, über den Belegnagel hängen und mit einem Tropfen Klebstoff, am besten UHU-hart, fixieren.

22 Flaggen und Flaggenknöpfe

Die historisch richtige Herstellung einer Flagge ist nicht so leicht, wie man zunächst glaubt. Weniger wegen der etwas komplizierten Herstellung, denn das ist wirklich nicht tragisch, sondern wegen der historischen Zuverlässigkeit. Man sollte sich nicht unbedingt auf das Motiv verlassen, das die Baukastenflagge zeigt, sondern in Literatur über Zeit und Schiffe des entsprechenden Landes nachforschen.

Die Schiffe führten außer der entsprechenden Nationalitäts-, Königs- oder Stadtflagge auch lange Wimpel, lange, spitz zulaufende und in der Mitte geschlitzte Flaggen, die sogenannten „Flammen", oder auch Stander von bestimmten Persönlichkeiten wie Admiral oder Kommodore, die sich gerade an Bord aufhielten. Galeeren hatten oft riesige Flammen angebracht, die reichlich mit Quasten an goldenen Schnüren versehen waren. Historische Recherche tut hier also not.

Zur Herstellung einer Flagge können sie dünnen Stoff verwenden, noch besser ist Japanpapier in feinster Struktur, da hier die aufgemalte Farbe kaum zerläuft. Sie können auch feine Kunstseide benützen und über einer erwärmten Glasplatte bemalen, wie mir einmal ein guter Modellbauer geraten hat. Sie werden zwar hier vielleicht auch einige Vorversuche oder auch Mißerfolge hinnehmen müssen, aber wenn nach etlichen Versuchen etwas Ordentliches zustande gekommen ist, haben Sie auch lange Ihre Freude daran.

Zum Bemalen können Sie Tempera-, Ecoline- oder Stoffarbe verwenden. Die Flagge wird an der Flaggenleine, die parallel zum Flaggenstock befestigt wird, leicht am Rand angeklebt.

Flaggenknöpfe können Sie relativ einfach aus einem entsprechenden Rundstab herstellen, der etwas stärker als das Topp des entsprechenden Flaggenstockes ist. Der Flaggenknopf wird am besten mit Sekundenkleber befestigt.

Niederländische Staatenyacht aus dem 18. Jahrhundert. Zeitgenössischer Stich

23 Befestigen der Stückpfortendeckel

Nachdem Ihr Modell nun fast fertiggestellt ist, müssen Sie noch die Stückpfortendeckel und die dazugehörigen Rückhol- bzw. Aufzugstaue anbringen.

Sollten Sie parallel zur Ausrüstung die Stückpfortendeckel noch nicht hergestellt haben, müssen Sie dies nun tun. Die Stückpfortendeckel können, wie bereits schon kurz angesprochen, aus dünnem Holz hergestellt werden und sind mit den Leisten der Außenbeplankung zu beplanken. Wenn das Innere Ihres Modells und die Schanzkleidinnenseite rot bemalt sind, müssen Sie auch die Innenseite der Stückpfortendeckel so färben. Kleben Sie nun mit Sekundenkleber die Stückpfortenscharniere auf, vergewissern Sie sich aber, ob diese auch der Epoche oder dem Land des Schiffes entsprechen, das gerade gebaut wird. Der Fachhandel hält im Zweifelsfalle andere Stückpfortendeckelscharniere bereit.

Sie können jetzt auch die Bohrungen für das Aufzugs- oder Rückholtau anbringen. Ob an der Bordwand und am Deckel je eine oder zwei Bohrungen erforderlich sind, geht aus Ihrem Bauplan hervor. Bei größeren Modellen werden die Taue an Ringbolzen am Stückpfortendeckel befestigt, bei allen anderen Modellen wird das Tau in die Öffnung gezogen, verklebt und abgeschnitten.

Die Befestigung des Deckels selbst können Sie mit Hilfe von Klebstoff bewerkstelligen, oder Sie schlagen bei etwas größeren Modellen schräg durchlaufende, dünne Stahlstifte ein, was allerdings ein etwas kniffeliges Unterfangen darstellt, jedoch wesentlich besser hält. Die nachfolgende Zeichnung veranschaulicht das Ganze.

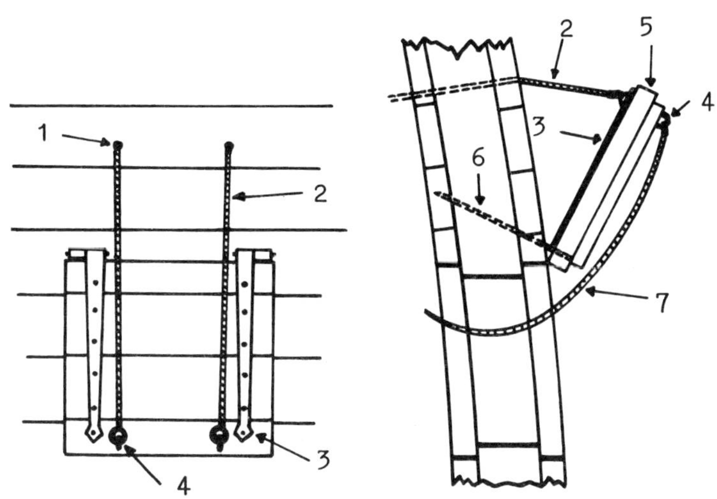

Stückpforte:
1 Bohrung
2 Aufzugstau (Pfortenreep)
3 Scharnier
4 Ringbolzen
5 Pfortendeckel
6 durchgehender Drahtstift für Deckelbefestigung am Modellschiff
7 Rückholtau (Pfortenreep)

Kleines Lexikon der Fachausdrücke

Achterbrasse	nach hinten (achtern) laufende Brasse (der Blinderah)
Achterliek	hintere Segelkante
achtern	seemännischer Ausdruck für hinten
Achtersteven	nach oben laufender Balken am hinteren Ende des Kiels
Admiralitätsanker	Anker mit Metallstock
Ankerkabel	das am Anker befestigte Tau
Ankerkatt	der Kranbalken
Ankerklüse	ausgefütterte Öffnung im Bug für das Ankerkabel
Ankerkreuz	Schaft und Arme des Ankers
Ankerschaft	senkrechte Stange des Ankers vom Stock zu den Armen
Ankerstek	der Knoten des Ankerkabels am Ring des Ankers
Ankerstock	der querstehende Holzbalken am Anker
Ankertakel	Flaschenzug am Kranbalken zum Hieven der Anker
Anstroppen	einen Stropp (geschlossener Ring aus Tauwerk) um einen Block legen
Augbolzen	eiserner Bolzen mit Bohrung (Auge)
Außenklüver	das vorderste Segel bei Schiffen mit mindestens drei Vorstagsegeln
Back	von Bordwand zu Bordwand reichender Aufbau am Vorschiff
backbord	in Fahrtrichtung links
Backdeck	das Deck des Vorschiffaufbaus
Bagienrah	die unterste Rah des Kreuzmastes
Batterie	das unterste Geschützdeck
Beiboot	Bezeichnung für mitgeführtes Boot
Belegnagel	hölzerner oder eiserner Pflock zum Belegen (Befestigen) des Tauwerks
Beplankung	Außenhaut des Schiffes
Berkholz/Barkholz	verstärkte, auf der Außenseite des Rumpfes sitzende Planken
Besan	Lateinsegel oder Gaffelsegel am Kreuzmast
Besanbaum	untere Spiere des Besan-Gaffelsegels
Besangaffel	obere Spiere des Besan-Gaffelsegels
Besanmast	der Kreuzmast
Besanrute	schräg stehende Rute des Besansegels
Beting	starker Stützbalken an zwei Knechten, oft mit Belegnägeln
Bilge	der Kielraum, tiefste Stelle im Schiffsrumpf
Binnenklüver	das hintere Vorstagsegel
Bireme	antike Galeere mit zwei Reihen Ruder auf jeder Seite
Blinde	Rahsegel unter dem Bugspriet
Blinderah	die Rahe der Blinde
Block	Gehäuse mit Rollen zur Führung des Tauwerks
Bonaventura-Mast	(Schönwettermast) der 4. Mast eines alten Vollschiffes
Bramrah	von unten dritte Rah eines Mastes
Bramsegel	über dem Marssegel stehendes Segel
Bramstenge	Stenge über der Marsstenge
Brasse	Tau zum Drehen der Rahen um den Mast
Bratspill	horizontal stehendes Spill zum Hieven des Ankers
Brigg	zweimastiges Segelschiff, beide Masten rahgetakelt
Brooktau	starkes Tau zum Auffangen des Rückstoßes der Geschütze
Bug	der vorderste Teil des Schiffes

Buggording	Tau zum Heben des Segeltuches von der unteren Kante nach oben
Bugspriet	schräg nach vorn ragender Mast am Bug
Bugsprietzurring	Tauwicklung um Bugspriet und Galionsscheg
Bulin	Tau, das an der Seitenkante des Segels angreift
Bussole	Kompaß
CWL (KWL)	Konstruktionswasserlinie. Bis hierher war der Rumpf des Schiffes in das Wasser getaucht.
Duchten	Sitzbänke im Beiboot
Dollen	Befestigung der Riemen an der Bordwand der Beiboote
Dhau	arabisches Segelfahrzeug mit anderthalb Masten
Dirk	Halteleine für Gaffeln
Dodshoofde	siehe Jungfer
Drehbasse	kleines in einem Drehgestell aufgehängtes Geschütz
Dreidecker	großes Linienschiff mit drei Batteriedecks
Drücker	Abstützung eines Balkens, Knie
Enterhaken	Stange mit Haken zum Heranziehen eines zu erobernden Schiffes
entern	erobern eines feindlichen Schiffes im Nahkampf
Eselshaupt	brillenartiges Verbindungsstück an den Masten
Faden	Längenmaß = 6 Fuß
Fender	Polster an der Bordwand, auf Schiffen des 15. und 16. Jahrhunderts als Vertikalfender an den Seiten
fieren	etwas herunterlassen
Fingerling	Lagerzapfen an den Scharnierbändern
Finknetzreling	doppelte Reling, die mit Netzen verspannt war
Flieger	das kleinste Klüversegel
Flunke	Ankerblatt
Fock	Untersegel des vordersten Mastes
Fockmast	der vorderste Mast
Fockstenge	Mastverlängerung, siehe Stenge
Fußperd	(Laufstag) Taue unterhalb der Masten für die Füße der Mannschaften
Gaffel	gabelartig gearbeitete Segelspiere am oberen Ende eines Schratsegels
Gaffelsegel	an der Gaffel befestigtes Segel, vielfach am Besanmast
Galerie	Balkone an der Schiffswand
Galion	Ausbau des Vorstevens unterhalb des Bugspriets
Galionsfigur	künstlerische Figur am Galion oder Vorsteven
Gangspill	Ankerspill
Gatt	1. Hinterteil, Heck (Rund-, Spitz-, Plattgatt) 2. Loch, Ösen oder Kauschen am Segel
Geduld	große Nagelbank um den Mast
Geitau	Tau zum Reffen von Rahsegeln
Geschützpforte	Rumpföffnung für Geschütze
Giek	obere Spiere eines Gaffelsegels
Gillung	Übergang vom Unterwasserschiff zum ausladenden Heck
Glas	Sanduhr, alte seemännische Zeitspanne von einer halben Stunde
Gording	Leine zum Aufholen von Rahsegeln
Gräting	Gitterrost aus Holzbalken
Großbramstag	drittes Stag des Großmastes, siehe Stag
Großbramstenge	siehe Stenge

Großmars	Mars des Großmastes, siehe Mars
Großmarsstenge	siehe Stenge
Großmast	der zweite Mast von vorne bei mehrmastigen Schiffen
Großsegel	Untersegel des Großmastes
Großstag	erstes Stag des Großmastes
Großstengestag	zweites Stag des Großmastes
Gut	1. stehend: Befestigungstaue der Masten 2. laufend: Bewegungstaue für Rahen und Segel
Hacke	hinteres Ende einer Stenge
Hahnepot	fächerartig angeordnete Taue an den Marsen
Hals	Tau, mit dem die untere Ecke eines Segels nach vorne gezogen wird
Halstalje	Tau am unteren Ende der Besanrute
Hanger	kurze Kette oder Tau, an denen die Unterrahen hingen
Heck	hinteres Ende des Schiffes
heißen	hochziehen
Hennegat	Öffnung im Heck für die Ruderpinne
Hoofdtau	einzelnes Tau der Wanten
Hütte	Decksaufbau am Achterschiff, Poop
Innenklüver	das zweite Vorstagsegel (von hinten gezählt)
Jagdkanone	nach vorn schießendes Buggeschütz
Jiggermast	Besanmast
Juffer	siehe Jungfer
Jungfer	runde Holzscheibe (auch länglich), durch deren Löcher das Tau einer Talje geführt wird
Kabel	Bezeichnung für eine Trosse
Kabelaar	Hilfstau am Ankerspill
Kalfatern	Abdichten der Plankenfugen mit Werg und Teer
Kampanje	die Hütte
Kardeel	einzelne Stränge eines Taues
Karronade	großkalibriges, schweres Geschütz für kurze Distanz
Kattdavit	siehe Kranbalken
Katzenloch	Öffnung in der Mitte der Mars, durch die die Wanten liefen
Kausch	Verstärkung in einem Augspleiß (augenförmiges Tauende)
Keep	Rille, Kerbe, Einschnitt
Kiel	Bodenbalken des Schiffsrumpfes
Kielschwein	Verstärkungsbalken am Kiel
Klampe	fest montierte Vorrichtung zum Belegen von Leinen
Klinkerbeplankung	sich überlappende Beplankung
Klotje	Holzkugel
Klüse	Durchbruch in der Bordwand für das Ankerkabel
Klüver	Stagsegel vor dem Vorstagsegel
Klüverbaum	Verlängerung des Bugspriets
Knecht	Vierkantbalken auf oder unter Deck mit Rollen zum Heißen von Tauwerk
Kolderstock	schwenkbarer, vertikaler Stock zum Einstellen des Ruderausschlags
Kombüse	Schiffsküche
Konterbrasse	die Toppnant der Blinderah
Korvette	kleines dreimastiges Segelschiff, Geschütze nur auf dem Oberdeck
Kranbalken	am Bug befestigter Balken mit Scheiben zum Heben des Ankers
Kraweelbeplankung	Beplankungsart, bei der die Planken nebeneinanderliegen

Kreuzbramstenge	siehe Stenge
Kreuzmarsstenge	siehe Stenge
Kreuzmast	der hinterste Mast, Besanmast
Kuhl	die Ladeluke mittschiffs
KWL (CWL)	Konstruktionswasserlinie
Längsriß	Projektion eines Rumpfes von der Seite
Lafette	das Fahrwerk eines Geschützes
Lateinmast	einteiliger Mast mit Scheiben
Lateinsegel	dreieckiges Schratsegel an schräg stehender Rute
laufendes Gut	siehe Gut
Laufstag	siehe Fußperd
lecken	undicht sein
Lee	die dem Wind abgewandte Seite
Leesegel	Außensegel zur Verbreiterung der Rahsegel
Leesegelspiere	Rahverlängerung für die Leesegel
Legel	Tauschlaufe an Wanten und Stagen
Leitblock	Block für die Richtungsänderung einer Leine
lenzen	leerpumpen
Liek	Kante eines Segels
Liektau	an die Kante eines Segels genähtes Tau
Luk	verschließbare Öffnung im Deck
Luke	abdeckbare Öffnung im Deck
Lukensüll	Umrahmung einer Luke
Luv	die dem Wind zugewandte Seite
Mars	Mastkorb oder Plattform am Fuß der Marsstenge
Marsrah	die nächste Rah über der Unterrah
Marssegel	das nächste Segel über dem Untersegel
Marsstenge	erste Mastverlängerung, siehe Stenge
Mast	meist mehrteiliger Baum zum Tragen der Segel
Mastbacke	Stützknie unter der Mars
Mastfischung	Verstärkung mit Keilen zur sicheren Befestigung der Masten an Deck
Mastspur	Vertiefung oder Öffnung im Kiel zur Aufnahme des Mastfußes
Maus	eingespleißte Verdickung eines Taues
Nagelbank	Holzbank mit Löchern für Belegnägel
Niedergang	überdachte Treppe
Nock	das Ende einer Rah, Gaffel oder Spiere
Nockgording	Tau zum Ziehen der Seitenlieks zur Rahmitte
Oberblinde	das Segel am Sprietmast
Oberblinderah	die Rah der Oberblinde
Oberdeck	das oberste, durchlaufende Deck
Pardune	hinter den Wanten stehendes, die Stengen nach achtern spannendes Tau
Part	Ende einer Talje, eines Takels
Perd	siehe Fußperd
Planke	Brett, Bohle für die Außenhaut
Plattgatt	offenes Heck
Polster	abgerundete Latten an Masten und Rahen zum Schutz gegen Scheuern
Poop	Hütte
Pütting	Püttingeisen (Beschlag zur Befestigung der Wantjungfern)
Püttingswant	Tau zur Befestigung der Stengewanten

Quarterdeck	erhöhtes Achterdeck
Quersaling	quer stehende Balken am Mast zur Führung von Wanten und Tauwerk
Rack	Haltevorrichtung am Mast für eine Rah
Racktalje	Tau zum Spannen oder Lösen der Racks
Rah	waagrechtes Rundholz zum Tragen der Rahsegel
Rahnock	das äußere Ende einer Rah
Reep	Tau
Reffband	über das Segel laufender Stoffstreifen an dem die Reffbändsel befestigt sind
reffen	verkleinern (die Segelfläche)
Reling	Geländer an der Deckskante
Richtkeil	keilförmige Unterlage, um ein Geschützrohr in der Höhe auszurichten
Riemen	an der Bordwand eingehängte Paddel zum Rudern. Gerudert wird mit Riemen, gesteuert wird mit dem Ruder
Royalsegel	das Segel über dem Bramsegel
Royalstenge	Stenge über der Bramstenge
Ruder	seemännischer Ausdruck für Steuer
Ruderpinne	langer Balken zum Bewegen des Ruders
Rudertakel	Seilzug zum Bewegen des Ruders
Rüste	starke Bohle an der Bordwand zum Spreizen der Wanten
Rüsteisen	siehe Pütting
Rute	schräg stehende Rah eines Lateinsegels
Saling	Querholz, Befestigungselement für die Verbindung der Stengen
Schanzkleid	feste Reling aus Holzplanken
Scheibenkasten	Gehäuse für Scheiben auf dem Lateinmast
Schildzapfen	Drehachse des Geschützrohres
Schliete	Abstandsbrett am Rack
Schloßholz	Keil in der Hacke (Fuß) einer Stenge
Schot	Tau an den unteren Ecken eines Untersegels
Schothorn	untere Ecke eines Rahsegels, hintere Ecke eines Schratsegels
Schott	wasserdichte Trennwand
Schratsegel	alle in Längsrichtung stehenden Segel
Seitentasche	seitliche Erker an der Bordwand
Sorgleine	Sicherungsleine des Ruders
Spake	Stange zum Drehen eines Spills
Spant	tragendes Gerippeteil des Rumpfes
Spantenriß	Schiff von vorne/hinten gesehen, mit Spantlinien
Speigat	Abflußöffnung für Wasser im Schanzkleid
Spiegel	plattes Heck
Spiere	Rundholz
Spill	Ankerwinde
spleißen	die einzelnen Kardeele eines Taues verflechten
Sprietmast	senkrechter Mast auf der Spitze des Bugspriets
Sprung	die Durchbiegung der Deckslinie und Planken
Sprut	einzelne Leine eines Taufächers
Stag	den Mast nach vorne spannendes Tau
Stagsegel	Schratsegel an den Stagen
Stagtalje	Talje zum Zurren des Stages
Stampfstag	Stag vom Stampfstock zum Nock des Klüverbaumes
Stampfstock	senkrechte Spiere unter dem Klüverbaum

stehendes Gut	siehe Gut
steifsetzen	festzurren
Stek	Knoten
Stenge	Mastverlängerung 1. Stufe Untermast, 2. Stufe Marsstenge, 3. Stufe Bramstenge, 4. Stufe Royalstenge
Stengewanten	siehe Wanten
steuerbord	in Fahrtrichtung rechts
straken	den Kurvenverlauf gleichmäßig machen, die Spanten anpassen
Stropp	aus Tau gebildeter Ring, z. B. um einen Block
Süll	Schwelle an Türen, Niedergängen, Luken
Takel	schwere Talje, Flaschenzug
Talje	seemännischer Ausdruck für Flaschenzug
Taljereep	Tau einer Talje
Tampen	Tauende
Topp	oberes Ende eines Mastes
Toppnant	Tau zum waagrecht Halten einer Rah
Trempel	Holzrahmen einer Geschützpforte
Trosse	starkes Tau, Kette
Violinblock	Doppelblock, dessen Scheiben übereinanderliegen
Vorbramstenge	Bramstenge des Fockmastes
Vormarsstenge	Marsstenge des Fockmastes
Vorstag	Fockstag
Want	Verspannung des Mastes nach den Seiten
Wantjungfer	Jungfer für die Wanttaljen
Wassergang	Decksplanke an der Innenseite des Schanzkleides
Wasserstag	Stag vom Vorsteven zum Stampfstock
Webleine	waagrechte Leine von Want zu Want
Webleinenstek	Knoten der Webleine
Werg	Flachsfasern zum Abdichten
Wuling	Umwicklung einer Spiere, eines Mastes
Wurst	verstärkte Webleine am unteren Ende der Püttingswanten
zurren	festmachen
Zurring	Bekleidung, Umwicklung

Bildquellennachweis

Mit freundlicher Genehmigung durch Herrn Wolfram zu Mondfeld, Hofhegnenberg	S. 8, 14 unten, 46, 71, 75, 83, 90 oben teilw., 103 unten, 112 oben, 116 unten, 117 oben rechts, 119 oben, 120 rechts, 121 links, 123 teilw., 124 teilw., 128 oben, 136, 137, 147 teilw., 152, 155, 156 unten, 160 unten teilw., 161, 162, 168, 172, 173 oben, 174, 183
Werner Zimmermann, Augsburg	S. 63
Deutsches Museum, München	S. 11, 12, 13, 14 oben, 15, 16, 18, 20, 24, 25, 33, 35, 37, 39, 43, 44, 60, 74, 78, 92, 102, 118, 129, 148, 158, 182
Fa. Krick Modelltechnik, Knittlingen/Württemberg	S. 34, 54, 55, 65 rechts, 66, 77, 79, 80, 84 oben, 85, 91, 99, 100, 107 unten, 111 rechts, 113, 114 oben, 116 links, 117 unten rechts, 120 links, 122, 124 teilw., 126 oben, 131 unten, 143, 156 oben, 161 unten, 164, 169, 170, 177, 178, 179
Auszüge aus Corel-Plänen (mit freundlicher Genehmigung der der Firma Krick	S. 64, 67, 72 oben, 81 oben, 84 unten, 87, 90 unten, 97, 98, 106 oben, 111 links, 112 unten, 114 unten, 115 unten, 121 rechts, 123 teilw., 124 teilw., 126 unten, 127, 131 oben, 132, 138, 140, 141, 142, 145, 147 teilw., 154, 160 oben, 166, 171 unten, 173 unten, 181 rechts
Firma Graupner, Kirchheim/Teck	S. 56 unten, 59, 81 unten, 86, 181 links
Simprop-Elektronic, Harsewinkel	S. 31, 41, 52
Firma Steingraeber, Stadtallendorf	S. 17, 36, 56 oben, 57, 61, 65 links, 76 oben, 101, 103 oben, 110, 117 oben links, 134, 163, 167, 175

Alle anderen Abbildungen vom Verfasser

Nachwort

Bedanken möchte ich mich bei all jenen, deren freundliche Unterstützung dazu beigetragen hat, den vorliegenden Band zu realisieren.

Mein besonderer Dank gilt Herrn Wolfram zu Mondfeld, Hofhegnenberg, für viele nützliche Anregungen und Gespräche und für die Genehmigung zur auszugsweisen Verwendung von Bildern und Zeichnungen aus seinen Büchern und Archiven.

Herzlichen Dank auch an Herrn Werner Zimmermann, Augsburg, für viele Hinweise und Hilfen, die ich gerne in Anspruch genommen habe.

Sehr zu Dank verpflichtet bin ich auch Herrn Klaus Krick von der Firma Krick-Modelltechnik sowie Herrn A. Steingraeber von der Firma Steingraeber Modellbau, Frau Honigmann von der Firma Simprop-Electronic, Frau Klaiber und Herrn Uhr der Firma Graupner für die Zusendung von Plänen, Bildern und Unterlagen sowie für die Genehmigung zur Entnahme von Bildern und Texten Ihrer Druckschriften.

Gedankt sei auch Herrn Dipl.-Ing. R. Heinrich, Herrn Bröhlmann und Frau Kolberg vom Deutschen Museum in München für die Bereitstellung von hilfreichem Bildmaterial.

Nicht vergessen sein sollen meine Modellbaukollegen vom Münchner und Augsburger Modellbauerstammtisch, die viele Informationen und Tips beigesteuert haben.